百位明星育婴师的育儿经

阿姨大学编委会 ◎ 主编

娱乐圈众多一线
明星大咖的最终选择

吉林科学技术出版社

U0260014

图书在版编目（CIP）数据

百位明星育婴师的育儿经 / 阿姨大学编委会主编
－－ 长春：吉林科学技术出版社，2017.4
ISBN 978-7-5578-1285-0

Ⅰ.①百… Ⅱ.①阿… Ⅲ.①婴幼儿－哺育－基本知
识 Ⅳ.① TS976.31

中国版本图书馆 CIP 数据核字 (2016) 第 227735 号

百位明星育婴师的育儿经

Baiwei Mingxing Yuyingshi De Yuerjing

主　　编	阿姨大学编委会								
编　　委	张海媛	韦杨丽	范永坤	邱丽丽	赵红瑾	史颖超	李玉兰	黄建朝	毛燕飞
	张天佐	孙灵超	张志军	曾剑如	陈涤	杨丽娜	杨志强	张伟	黄辉
	黄艳素	贾守琳	李红梅	遆莹	王永新	吴强	张羿	姜朋	常丽娟
	寿婕	祝辉	王雪玲	张海斌	黄建猛	王洪侠			

出 版 人　李　梁
责任编辑　孟　波　杨超然
封面设计　长春市一行平面设计有限公司
制　　版　上品励合工作室
开　　本　780mm×1460mm　1/24
字　　数　260 千字
印　　张　10.5
印　　数　1-7000 册
版　　次　2017 年 4 月第 1 版
印　　次　2017 年 4 月第 1 次印刷

出　　版　吉林科学技术出版社
发　　行　吉林科学技术出版社
地　　址　长春市人民大街 4646 号
邮　　编　130021
发行部电话 / 传真　0431-85635176　85651759　85635177
　　　　　　　　　　　　　　　 85651628　85652585
储运部电话　0431-84612872
编辑部电话　0431-85659498
网　　址　www.jlstp.net
印　　刷　吉林省创美堂印刷有限公司
书　　号　ISBN 978-7-5578-1285-0
定　　价　39.90 元

在北京有个正在热火朝天为广大家庭服务的家政机构——阿姨来了，在这里有 300 位阿姨经纪人。许多人可能会问："明星有经纪人不奇怪，阿姨也有经纪人？"没错，在"阿姨来了"的每一位经纪人都要负责起自己下属的阿姨，为她们打理日常事务，安排工作，阿姨只要做好自己的本职工作就够了。我们的阿姨遍布全国许多省市。

在这庞大的家政机构里，"阿姨大学"应运而生，校长是北京市女企业家协会副会长、"阿姨来了"创始人周袁红女士。在她的组织带领下，一批专业技术过硬、经验丰富、科班出身的讲师团队应运而生了。

在以前，从农村出来的阿姨们，别说上大学，就连培训都觉得是一件耽误时间的事儿，她们急于上工赚钱。而时代变化了，家长们的素质高、见识广了，阿姨们也应该与时俱进。因此阿姨大学开始致力于育婴师专业素质和技能的培养和提升，积累了大量的专业育儿知识和实践经验，尤其是育婴师在实际育儿工作中反馈回来的各种育儿问题和信息，都让我们思考：家是教养的起点，父母最重要的职责是什么？怎样做才能给宝宝一个最佳的人生开端？这便是我们编写本书的初衷。

全书以宝宝的年龄为主线，从宝宝的吃喝拉撒睡、洗护穿用、养教、病药等方面讲述 0~3 岁宝宝的养育细节。不仅有宝宝每个年龄段的生理需求和智力发育特点内容，还有各个年龄段的养护关键点、具体问题的应对措施，传统育儿观念、新一代育儿方法的 PK 和处理方法，以及潜能开发的要点和方法。最让我们感动的是，育婴师们还在繁忙的工作之余，把她们在工作中遇到的宝宝生病时的前期表现、症状表现、医生的处理建议，以及自己的照护方法进行了记录，并进行了讨论总结。这是我们阿姨大学最宝贵的财富。

这本书不是空洞的理论知识，而是我们阿姨大学育婴师的育儿经验，是经过实践验证过的安全、有效的育儿方法。希望我们育婴师一线的知识和经验，能给所有宝宝最美的未来。

推荐序
Foreword

前段时间，阿姨大学的周校长带着一本电子稿件来找我，让我给这本书把关作序，细问之下才知道，这是"阿姨大学"即将问世的一本新书——《百位明星育婴师的育儿经》。看到周校长兴致勃勃的表情以及对这本新书的侃侃而谈，我不想打消她的积极性，但我也不能立即答应，因为我不知道这本书是否具有医学根据，作为一名儿科大夫，我不能随意为读者推荐某一本书，既然要我推荐，就一定要过"科学"这一关。因此，我跟周校长并未说定此事，只答应先看电子稿后再说作序之事。

周校长走后我开始翻阅电子书稿，我发现书稿里的理论知识，充分展示着阿姨大学讲师们的专业水平及多年的经验积累。作为一名医生我知道，能写出如此这般真知灼见的内容，并非上几堂课、服务几家顾客就能做到的，这需要多年来的知识积累及总结。

更让我惊喜的是书稿中看似漂亮的图片，实际上无论是从手法上还是从技术的熟练程度上，都让人无可挑剔，向读者们充分展现了阿姨大学讲师团队的专业性。

此外，书中内容涉猎得非常广泛，囊括了父母关心的生理健康（营养、安全、疫苗、疾病的早期表现和家庭护理）、心理健康（正常发育、良好习惯培养、性格形成引导）和智力发育（早期潜能开发）等方面。翻开目录，你想要知道的各种育儿知识和方法，都能从上面查阅得到。

虽然看似一本工具书，但它的语言并不晦涩难懂，读起来让人感觉亲切、透彻，让人在轻松的语言环境中，掌握专业知识。更难能可贵的是，这本书不仅是育婴师们工作经验的总结，也有专业的医师指导，更是新时代育儿观念与传统育儿观念的"碰撞"，还是网络上流传的各种育儿方法的"检验石"，是最新、最安全育儿知识的汇总。

我心悦诚服地为这本书作序，因为它们值得大家阅览。正如周校长所说：熟读此书，犹如将一位高级育婴师请回家。

——刘慧兰

北京中医药大学第三附属
医院儿科副主任医师

目录

contents

第一章 第 1 个月：宝宝哭闹多，爸妈要多耐心

第四章

7~9 个月：
先坐后爬，学站立

第五章

10~12 个月：蹒跚学步

第六章 1~1.5 岁：宝宝是"语言天才"

第七章 1.5~2 岁：总想自己做主

第八章

2~3 岁：自己的事情自己做，爸妈要勇敢"放手"

让每一个宝宝
都享有最佳的人生开端

生活中我们常能看到这些有趣的现象：新生儿饿了，会本能地"摇头晃脑"去寻找妈妈的乳房，并一口叼住吸吮起来；当尿了、拉了，宝宝会蠕动身体，哭闹，用自己独有的方式告诉父母"我不舒服了"；看到大人吃饭，宝宝很兴奋，抢过勺子想自己吃饭……这是宝宝的本能，也是生存的需求，是宝宝出生后必须要面对的完全陌生的环境，以及各种各样的信息刺激。同时，宝宝在大人的照看、护理和引导以及自身的实践中，大脑得以迅速发育，并逐渐学会、掌握一定的社交技能和生活能力。这便是宝宝成长的过程。

在宝宝成长的过程中，0~3岁尤为重要。就像所有的生物活动都有自己的生物钟一样，人的身心发育、潜能挖掘、智力发育也有自己的"生物钟"，而这个"生物钟"有两个特点，一是在生命的早期，它的运转速度非常快；二是它的运转具有许多关键的时刻，这些"时间驿站"正是宝宝成长的一个里程碑。对于宝宝来说，0~3岁就是一个里程碑，要趁热打铁才能事半功倍。

那么，0~3岁这段时间对宝宝成长有什么意义呢？

中国民间有句俗语是："三岁看大，七岁看老。"意大利著名教育家蒙台梭利说："人生的头三年胜过以后发展的各个阶段，胜过3岁直到死亡的总和。"0~3岁是人一生身体和大脑发育最迅速的时期，也是宝宝形成个性、发展智力、学习语言、开发身心潜能的关键期。在这三年里，宝宝特别需要大人的细心照料，科学的营养保健，以及丰富、适宜的感官刺激和技能运动、行为培养等，这样才能享有一个最佳的人生开端。

现代父母对宝宝的生活照护、早期教育越来越重视，日常对宝宝的照顾已经不再满足于吃好、喝好、玩好的程度，更多地开始追求宝宝全面细致的照护与潜能开发、行为培养。再加上工作忙碌，请育婴师正在成为一种新的趋势。育婴师不仅是宝宝最好的照看者，也是宝宝最优秀的启蒙师。育婴师的主要工作内容有：

1 为宝宝提供优质的营养保证

在母乳喂养期间，指导妈妈正确喂养母乳；合理为宝宝添加辅食，让宝宝的饮食丰富起来；帮助宝宝培养良好的饮食习惯；根据宝宝成长发育的不同阶段，安排营养全面、种类丰富的饮食。

2 悉心照顾宝宝的起居

清理好宝宝的尿、便；根据天气给宝宝穿衣，并适时增减；细致地给宝宝洗澡，清理耳朵、肚脐、阴部等部位，让宝宝时刻保持清爽；晚上哄宝宝入睡，帮助宝宝养成良好的睡眠习惯。

3 为宝宝营造良好的居家环境

定时清理房间，保持清洁卫生；每天至少给房间通风 2 次，每次 20 分钟左右；每周对宝宝的房间进行消毒；定时清洗、暴晒宝宝的玩具；勤洗宝宝的衣物、寝具。

4 指导新妈妈科学育儿

给妈妈解释宝宝的身心发育特点，指导妈妈照护好宝宝；根据妈妈的时间和宝宝的精神状态，安排妈妈和宝宝的亲子时间；指导妈妈跟宝宝一起玩潜能开发游戏等。

5 做宝宝的"护士"

细致观察宝宝每天的身心状态，及时发现宝宝生病的征兆，细心护理好生病的宝宝，指导妈妈在宝宝生病前后应如何照护宝宝；照看好宝宝，防止意外伤害。

6 开发宝宝的潜能

每天都给宝宝进行不同的训练，开发宝宝潜能；天气好时带宝宝进行户外运动，让宝宝的运动潜能得到发展；结合生活实践，培养宝宝良好的行为习惯。

当然，并不是每个家庭都能或者说是愿意请育婴师，这便是本书出版的一大目的，我们真心希望能利用此次出书的机会，把育婴师们多年沉淀下来的经验与广大家长及宝宝的照护者们分享，让宝宝更健康、更强壮、更聪明！我们的目的是：一书在手，如同请位高级育婴师回家！

跟育婴师学习，
养育健康又聪明的宝宝

虽然育婴师这一行业逐渐被人们所认知，但不少人仍然将其工作等同于保姆。其实，育婴师和保姆有很大的区别：

育婴师 ●●●●●●●●●●●●●●●●●●●●●●●●● PK ●●●●●●●●●●●●●●●●● 保姆

育婴师		保姆
1. 熟练掌握宝宝基础养育和护理技能，包括宝宝的营养，饮食习惯、生活习惯的培养，睡眠质量，卫生清理等方面 2. 在小儿疾病观察、护理方面接受过专业培训，能够在第一时间发现宝宝的身体状况，做出相应的措施。这对宝宝的健康和安全来说，是至关重要的 3. 在婴儿居室、用具的卫生清洁消毒，居室环境布局等方面，有严格的要求 4. 在宝宝的早期教育、潜能开发和按摩健康操等方面，接受过专业的培训，能够很好地促进宝宝智力发育，激发宝宝的潜能	专业技能	普通保姆没有经过专业的训练，甚至有的保姆没有生育经验，根本不了解宝宝的生理特点和生理状况，一旦出了问题就束手无策，严重的还有可能影响到宝宝的生长发育和健康安全
育婴师都有专属的就业机构，有强大的育儿专家队伍做后盾；机构会为每个聘请育婴师的家庭建立宝宝档案，定期对育婴师的工作进行指导和跟踪，使育婴师的工作保质保量	专家队伍	普通保姆属于个人，没有专业的就业机构，也没有专家指导，遇到问题只能凭经验判断，存在着很大的隐患
就业机构对育婴师有严格的要求，不仅要身体健康，而且要专业技术过硬，能随时联系到。在育婴师单独带宝宝时，机构对育婴师的行程也有要求	安全问题	普通保姆多是从劳务市场上雇用而来，身体健康状况、学历、个人素质等存在很大的差异，安全性上得不到保障
育婴师身兼多职，不仅是宝宝生活上的专职护理师，还是宝宝的营养师、医生和早教老师，而且时刻以宝宝为中心，带好宝宝是育婴师的职责	工作内容	大部分保姆需要做家务，照顾宝宝是次要工作

总而言之，保姆只是为宝宝的日常生活提供最基本的照护，并不能满足宝宝成长的需求。所以，作为家长，不要单纯地做宝宝的保姆，你还要担负起育婴师的工作——开发宝宝的智力潜能，带宝宝认识外面的世界，培养他探索未知事物的能力，帮助他养成良好的行为习惯……

人民日报社社长杨振武先生说："家长既要负责孩子身体的发育，又要负责孩子的心理发育；既要重视孩子智力的开发，又要重视孩子各方面能力的培养；既要教会孩子怎样学会知识，又要教会孩子怎样做人。"作为宝宝的"专职育婴师"，让宝宝吃好穿好，这是爸爸妈妈的头等大事。然而，在育儿的道路上，这只是最基本的技能，你还需要跟育婴师学习以下技能。

1 了解各年龄段宝宝的发育标准和生理特点，评估自家宝宝的身体状况。

2 熟知宝宝喂养知识，正确进行母乳喂养或人工喂养，科学添加辅食，学会食物营养搭配，帮助宝宝养成良好的饮食习惯，及时纠正宝宝偏食、挑食的现象，让宝宝爱上吃饭。

3 了解宝宝护理知识，熟练地帮宝宝清理大小便、换尿布，帮助宝宝学会自己大小便，养成良好的如厕习惯；正确给宝宝穿脱衣服，引导宝宝自己感知天气冷热、自主穿脱衣服；正确清洗宝宝的衣物、玩具、用具等，让宝宝用得安全、玩得安心；营造良好的居室环境，帮助宝宝养成良好的睡眠习惯等。

4 读懂宝宝身体发出的各种信号，及时发现疾病的征兆，并做好生病前后的照护工作，帮助宝宝调养好身体。

5 学习各种按摩知识、亲子游戏，开发宝宝的智力和潜能。

和育婴师一起带宝宝，
让每一天都不一样

用育婴师的方法育儿，听起来很迷茫，其实操作起来并不难。你可以参照育婴师的一日工作流程表，结合宝宝的身体情况、年龄特点以及天气变化等，灵活调整，使宝宝的每一天都不一样。

6:30~7:00 工作内容

- 宝宝起床，清理宝宝的大小便，大一些的宝宝给把尿、把便，帮助宝宝建立排尿、排便规律。
- 给宝宝清洗臀部，换上干净衣服，再给宝宝洗脸。
- 测量宝宝体温，并做好记录。
- 帮助宝宝清理口腔，或指导宝宝刷牙。
- 将宝宝交给爸爸妈妈，让他们在上班前跟宝宝说说话，做些亲子互动。

给新手父母的提示 ➡

- 有的宝宝起床时间比较晚，但不论宝宝什么时候起床，你都需要像育婴师一样，把每项"工作"做好。
- 每天早上跟宝宝的亲子互动不能少，即使是简单的"早上好，宝贝"，或亲亲抱抱宝宝，都能让你和宝宝的感情更加深厚。

7:00~8:00 工作内容

给宝宝准备早餐：

- 还在吃母乳的宝宝，如果妈妈还没有上班，让妈妈亲自喂奶；如果妈妈上班了，需要将保存在冰箱中的母乳拿出解冻，加热后喂给宝宝。
- 人工喂养的宝宝，冲好奶粉喂给宝宝。
- 1岁以上、不爱喝奶粉的宝宝，准备馄饨、鸡蛋饼、鸡蛋羹、面条、菜泥、小面包、水果切片等食物。根据宝宝出牙情况和咀嚼能力，将食物做得软烂适中。

给新手父母的提示 ➡

- 根据宝宝的年龄和喜好，准备宝宝爱吃的食物。
- 注意营养搭配，保证营养全面均衡。
- 不论宝宝多晚起床，都要让宝宝吃早餐，让宝宝养成三餐定时的饮食习惯。

工作内容

- 天气晴好时，准备好宝宝外出用品，带宝宝到户外进行 1~1.5 小时的活动。冬天时将外出的时间调整至 11 点左右，或下午 1 点左右。
- 雨雪天气或雾霾天，让宝宝在家活动。

8:00~9:30

给新手父母的提示 ➡

- 注意安全问题。
- 鼓励宝宝与小朋友互动、玩耍。
- 提醒宝宝喝水，教宝宝自己擦汗。
- 计划好的户外活动时间到了，宝宝还不想回家，不要勉强宝宝。可带一些水果或饼干，让宝宝食用，帮助宝宝补充能量和水分。

工作内容

- 在户外活动时，如果宝宝没有吃水果或饼干，回到家后先给宝宝加餐。
- 0~1 岁的宝宝：根据月龄给宝宝做抚触或被动操，训练宝宝抬头、坐、爬等能力。
- 1 岁以上的宝宝：进行潜能开发游戏，训练宝宝语言、逻辑思维等能力。

9:30~11:30

给新手父母的提示 ➡

- 天热、宝宝出汗多，应等宝宝汗消后给宝宝洗温水澡，再进行抚触或做被动操。
- 冬天进行户外活动回到家后，要及时给宝宝换上干净的内衣。
- 做抚触、被动操或潜能开发游戏时，尊重宝宝的意愿，如果宝宝哭闹，不要勉强。

工作内容

给宝宝准备午餐；午餐后清洗餐具。

11:30~12:30

给新手父母的提示 ➡

- 引导宝宝做一些力所能及的事情，如帮忙摆放、收拾碗筷等。
- 培养宝宝的餐桌礼仪。

工作内容

跟宝宝说话，或在保证安全的前提下，让宝宝自行玩耍，等宝宝觉得累时安排午休。午休时间最晚不要超过 13:30。

清理宝宝的主要活动区域，如爬行垫、地面；清洁宝宝的玩具；清洗宝宝衣物等。

12:30~15:00

给新手父母的提示 ➡

- 午休前的调整，目的是让宝宝放松下来，不要让宝宝太兴奋而影响午休。
- 宝宝午休时，不要大声说话，也不要刻意制造非常安静的环境。
- 趁宝宝午休，把家里收拾收拾，然后也赶紧休息一会儿。

15:00~17:00

工作内容

宝宝午休醒来，给宝宝吃一些水果、一杯酸奶。

与宝宝进行互动：

- 跟宝宝一起看书，给宝宝讲故事、唱儿歌。
- 跟宝宝进行语言交流。
- 根据宝宝的月龄，指导宝宝选择玩具，并与宝宝玩游戏，进行潜能开发训练等。

给新手父母的提示 ➡

- 宝宝睡觉时容易出汗，睡醒后要及时给他擦汗，或者换衣服。
- 给宝宝的加餐量不要多，只要他吃完后不觉得饿即可，以免影响正餐。
- 重复进行昨天的游戏，加深宝宝的印象，等宝宝学会后再开始做新的游戏。
- 培养宝宝的注意力。

17:00~19:00

工作内容

天气好时，带宝宝到小区或附近活动。

给宝宝准备晚餐，宝宝晚餐时间最晚不超过 18：30。

晚餐结束后清洗宝宝用过的奶瓶、餐具，并用开水浸泡进行消毒。

给新手父母的提示 ➡

- 避免一面看电视一面吃饭。
- 引导宝宝帮忙准备晚餐、收拾碗筷等，注意培养宝宝餐桌礼仪。

19:00~20:30

工作内容

- 指导爸妈和宝宝一起玩游戏。
- 给宝宝洗澡。
- 指导爸妈给宝宝清理口腔，或指导宝宝刷牙。

给新手父母的提示 ➡

- 专心跟宝宝互动，避免一面玩手机一面跟宝宝玩。
- 注意控制量和度，不要让宝宝太兴奋。
- 和宝宝一起玩水，让宝宝爱上洗澡。
- 洗澡时间不要太长，15 分钟左右即可。
- 帮助宝宝养成睡前刷牙的习惯。

20:30~21:00

工作内容

洗澡后休息片刻，哄宝宝睡觉。或让爸妈给宝宝讲故事，哄宝宝睡觉。

清洗宝宝的衣服、口水巾、围嘴、饭衣等，保证宝宝穿过的衣物不过夜。

给新手父母的提示 ➡

- 帮助宝宝养成规律的睡眠习惯，让宝宝自己入睡，避免抱着宝宝睡。
- 尽量避免在宝宝睡前给他吃东西或喝奶。

第一章

第一个月：宝宝哭闹多，爸妈要多耐心

- 早开奶，早吮吸，坚持母乳喂养
- 精心护理宝宝的脐带，预防发炎
- 注意皮肤清洁，让宝宝时刻保持干净清爽
- 正确判断冷热，适时给宝宝增减衣服
- 勤换尿布，预防尿布疹
- 按时接种疫苗，满月常规体检

……

宝宝成长测试

出生 3 天新生儿及 1 月龄体格发育参考 [1]

性别	月龄	体重（千克）	身长（厘米）	头围（厘米）	体质指数 [2]
男童	初生	3.34 ± 0.15	49.9 ± 1.9	34.5 ± 1.2	13.4 ± 1.35
	满月	4.47 ± 0.13	54.7 ± 1.9	38.0 ± 1.3	14.9 ± 1.35
女童	初生	3.23 ± 0.14	49.1 ± 1.9	34.0 ± 1.2	13.3 ± 1.20
	满月	4.19 ± 0.14	53.7 ± 2.0	37.2 ± 1.3	14.6 ± 1.40

新生儿智能发展

领域能力	发育状况
大动作能力	• 全身动作无规律，有完整的无条件反射 • 趴在床上，双臂展开，前面摇铃逗引时可自行抬头 1~2 秒 • 满月后俯卧抬头离床可达 3 厘米
精细动作能力	• 手自觉握拳 • 当大人用手指触摸手心时，他会紧握——此动作为握持反射，此时甚至可将小儿提起
语言能力	• 无意识发出 an、e、a 等音
认知能力	• 最佳视距为 20 厘米左右 • 偏爱红色、运动的物体以及人脸 • 具有初步的听觉定位能力，但不准确 • 能够进行视觉追踪，但不连续
情感与社交能力	• 弥散性激动，分愉快、不愉快两个方向 • 产生兴趣、痛苦、厌恶情绪 • 出现诱发性微笑 • 有先天的情绪感染能力

[1] 本表体重、身长、体质指数摘自世界卫生组织 2006 年推荐母乳喂养《5 岁以下儿童体重和身高评价标准》；头围测值摘自 2005 年中国九市七岁以下儿童体格发育测值。以上数值是围绕平均值的近似值，实际上同龄宝宝身高、体重等差别较大，还应考虑遗传、内分泌、生活环境、有否疾病等因素。

[2] 体质指数（Kaup 指数）是观察儿童形体变化的标准之一，计算方法为：① 0~24 月儿童：体重（g）÷ 身长（cm）^{2} × 10；② 2~6 岁儿童：体重（kg）÷ 身长（cm）^{2} × 104

宝宝日常生活照护
备齐宝宝护理用品

对于新手妈妈来说，选购宝宝护理用品是件比较令人头疼的事情，很有可能因为没有任何育儿经验，而在各种广告的引诱和别人的劝说下，囤了不少货。我们的育婴师列了一份宝宝护理用品清单，如果你还为选购哪些用品而发愁，不妨参考这份清单。

—— 宝宝护理用品清单 ——

护理用品	数量	温馨提示
小毛巾、小手帕	若干	要求纯棉材质、颜色柔和简单。用来给宝宝洗脸、擦身、洗屁股等，都要分开使用，不能混用
婴幼儿专用湿巾	若干	● 选经过检验合格、由正规且口碑较好的专业生产机构生产的产品 ● 一次不要买得太多，可先买1~2包，使用后宝宝不过敏再囤货
宝宝专用指甲剪	1把	不要用成人指甲剪代替，因为它没有"防护设计"
尿布（纸尿裤）	若干	选购吸水性强、质地柔软、纱布或纯棉材质、便于洗晒、颜色淡且不褪色、经检验合格的尿布。经检验合格、大小合适的纸尿裤
棉签	若干	最好选购医用棉签
爽身粉、痱子粉	各1盒	选择可靠品牌生产的产品，还要关注它的成分，看是否添加了容易引起过敏的物质
体温计	2~3支	最好选水银体温计，测量结果准确度高
浴盆、水温计	各1个	● 选择材质安全、无异味、底部有出水塞的 ● 0~8个月的宝宝，浴盆要带浴床 ● 选数据式水温计，放到水中1~2秒即显示温度，很方便
大浴巾	1~2条	选择颜色浅淡、柔和，质地舒适的纯棉浴巾
婴儿沐浴露、洗发液、润肤露	各1瓶	选购质地温和、好冲洗、不刺激皮肤、口碑好的品牌产品
婴儿护臀霜	1支	选择可靠品牌的护臀霜；不能用凡士林代替护臀霜

如何抱新生儿

育婴师在入户照顾小宝宝时，常发现初为人父的新手爸爸不知道怎么抱小宝宝，有的新手爸爸一手手掌托着宝宝的颈部，一手托着宝宝的臀部，这样的抱法其实很危险——当宝宝"手舞足蹈"时，很容易发生意外。看右面的图例，育婴师手把手教你如何抱新生宝宝。

新生儿的正确抱法

手托法：左手绕过宝宝的脖子，小臂托住宝宝的头颈，手护住宝宝的手和背部，右手托起宝宝的臀部和腰部。这个方法多用于从床上抱起和放下时。

腕抱法：将宝宝的头放在左臂弯里，肘部护着宝宝的头颈，手腕和手护住宝宝的腰背；右手小臂伸过护住宝宝的腿部，托着宝宝的臀部和腰部。

以上是使用频率最高的抱法。不论采用哪种抱法，爸爸妈妈都要用眼睛温柔地注视宝宝，跟他说话、唱歌，或者轻轻地抚摸、拍他。这种情感交流可以使宝宝与父母更亲密，对宝宝的大脑发育也很有好处。

腕抱法

右手小臂伸过护住宝宝的腿部，手托着宝宝的屁股和腰部。

用手托着宝宝的头颈和背部。

手托法

用手托着宝宝的屁股和腰部。

将宝宝的头放在左臂弯里，肘部护着宝宝的头颈，手腕和手护住宝宝的腰背。

抱新生儿的注意事项

1. 不要竖着抱新生儿

新生儿的头占全身长的 1/4。竖抱宝宝时，宝宝头的重量全部压在颈椎上。宝宝在 1~2 个月时，颈肌还没有完全发育，颈部肌肉无力，应防止这种不正确的怀抱姿势对宝宝脊椎的损伤。

2. 不要摇晃宝宝

我们常发现在宝宝哭闹、睡觉或醒来时，很多父母会习惯性地抱着宝宝摇摇。但是，这个摇的力度很难把握，如果力度过大，很可能给宝宝头部、眼球等部位带来伤害，所以父母抱新生宝宝时不要摇晃宝宝。

3. 时常观察宝宝

抱宝宝时，要经常留意他的手、脚以及背部姿势是否自然、舒适，避免宝宝的手、脚被折到、压到，背部脊椎向后翻倒等，给宝宝造成伤害。

4. 注意距离

抱宝宝时，大人不要与宝宝靠得太紧密，因为大人的脸上、头发中及口腔内的病菌很容易给娇嫩的宝宝构成威胁。

5. 不要抱着宝宝睡觉

抱着宝宝睡觉，把他放回床上时易使宝宝惊醒，影响睡眠质量，还会使宝宝的脊柱处于弯曲状态，影响宝宝的生长发育。所以应让宝宝躺着入睡。

竖抱容易伤害新生宝宝的颈椎。

新生宝宝脑部脆弱柔软，易受震荡导致脑出血，所以不要摇晃新生宝宝。如果他哭闹了，可以抱起来轻拍或爱抚。

抱宝宝时要时不时检查一下，看宝宝的手、脚等部位有没有被压到。

平时抱宝宝，跟宝宝要"保持距离"，最好不少于20厘米。

宝宝哭闹，就抱着睡？这样容易影响宝宝脊柱健康，所以应让宝宝躺着睡。

传统尿布 VS 纸尿裤，谁更胜一筹

我们的育婴师在入户照顾宝宝时发现，老人提倡用尿布，而年轻的新手父母觉得纸尿裤方便，倾向于用纸尿裤。尿布和纸尿裤，到底哪个更好呢？根据育婴师的经验，两者各有所长、各有所短，重要的是使用方法要正确。

PK 项目	尿布	PK 纸尿裤	PK 结果
金钱消耗	• 在宝宝出生前需要购买 30 张左右尿布，价格在 50~150 元不等，可用较长一段时间 • 利用旧床单、衣服自制尿布，基本不花钱	1~3 元 / 片，一天 3 片左右，经常使用纸尿裤会是一笔不小的开支	尿布胜
便利性	• 使用时，要先折叠成长方形，然后垫在宝宝的臀部，再穿上尿布裤（或尿布兜） • 带小便的尿布和带大便的尿布要分开洗涤，洗完后还要进行消毒，相对麻烦	直接使用，将腰部粘好、边缘捋顺即可 不用清洗和消毒。但已经打开包装的要包好，以防灰防潮	纸尿裤胜
利用率	• 宝宝尿尿或便便了，可以用尿布干净的部分擦拭 • 清洗消毒后可以继续使用，相对环保	• 毕竟是纸质产品，用干净部分擦拭容易伤害宝宝皮肤 • 一次性产品，不能重复使用	尿布胜
持久性	无须更换大小，随着宝宝的成长，只需要变化尿布的叠放或两张同时使用即可	需要根据宝宝的体重、大腿和腰部的大小，选购不同码数的纸尿裤	尿布胜
吸水性、锁水性、防水性	吸水性强，可随时吸收汗液，保持宝宝皮肤干爽，但锁水性和防水性差，需要和防水尿布裤（或尿布兜）配合使用	集吸水、防水、锁水等多种功能于一身	纸尿裤胜
对皮肤的伤害	• 纯棉材质，不容易导致过敏 • 因为及时更换，对宝宝皮肤伤害较少，不容易长尿布疹	有防水功能，即使宝宝尿了也不感觉湿，再加上不能吸收汗液，长时间戴着容易导致尿布疹、过敏等不适	尿布胜

用尿布还是纸尿裤

虽然从结果上来看，尿布略胜一筹，但在使用时，要"具体情况具体分析"。我们的育婴师提出以下几点建议。

1. 两样换着用

◎肤质比较敏感的宝宝宜用尿布；宝宝腹泻期间，也最好用尿布，以方便更换，而纸尿裤主要是吸尿但不吸粪便。

◎宝宝活动量比较大时，宜用纸尿裤，以避免尿湿。

◎天热多用尿布，尿布可吸收汗液，而纸尿裤没有吸汗功能；天冷时可多用纸尿裤，纸尿裤相对暖和，而使用尿布有可能使宝宝一部分臀部皮肤暴露而影响保暖。

2. 白天用尿布，晚上用纸尿裤

白天时尽可能地用尿布，让宝宝的臀部经常通风、保持干燥，有助于预防尿布疹。晚上睡觉时给宝宝用纸尿裤，能存储尿液，减少父母夜里换尿布的次数，让大人和宝宝都能睡好。

用纸尿裤容易得尿布疹？

在很多人看来，用纸尿裤最大的问题就是宝宝容易得尿布疹。其实，这并不是纸尿裤的过错，而是使用不当造成的。

错误方法 1： **使用小尺码的纸尿裤**

有的父母怕纸尿裤松了会漏尿，于是给宝宝用小尺码的纸尿裤，这不利于透气，再加上宝宝尿了后臀部或多或少都会沾上尿液，时间久了就容易长尿布疹。

纸尿裤尺码对照

NB	0~5 千克，常用于新生宝宝		
S	5~8 千克	M	7~11 千克
L	10~14 千克	XL	13 千克以上

育婴师这样做 根据宝宝的体重、体型以及身高、腹围、腿围等，选择合适尺码的纸尿裤。使用过程中，如果出现漏尿，说明纸尿裤大了；若帮宝宝换纸尿裤时，发现他大腿、腰部位置有勒痕，说明纸尿裤小了。

错误方法 2： **不及时更换**

纸尿裤吸水性、锁水性很强，即使尿了也不显得湿，没有经验的新手父母常不及时更换，结果使宝宝的臀部长时间被捂在潮湿的纸尿裤里而长尿布疹。

育婴师这样做 如果宝宝戴纸尿裤，只要大便了都要更换；小便了，观察纸尿裤上的标识，一旦锁水量到了极限，标识会变色，这时需要更换新的纸尿裤。如果纸尿裤上没有标识，可以用手捏一捏纸尿裤，如果没有弹性了，意味着要更换新的纸尿裤。

错误方法 3： **宝宝屁股没干就戴上纸尿裤**

有的新手父母给宝宝换纸尿裤时，习惯用湿巾清理，没有等宝宝的臀部晾干爽就给宝宝戴上纸尿裤，让宝宝的臀部总是处于潮湿状态，时间久了也容易引起尿布疹。

育婴师这样做 每次用湿巾给宝宝清理完，要先晾一晾，给宝宝的屁股"通通风"，等完全晾干，再戴带上纸尿裤。

4步骤，快速换好尿布（纸尿裤）

新手父母面对宝宝的大小便总是手足无措，其实掌握好方法，就能快速上手。下面是我们育婴师在实际操作中总结出来的快速换尿布（纸尿裤）的方法，以供参考：

快速换尿布的方法

1 准备工作

- 准备系列用品：干净的尿布（纸尿裤），装脏尿布的小盆或装纸尿裤的垃圾篓，湿巾或湿毛巾，干毛巾，纸巾，护臀霜。
- 在床上或台面上铺一张隔尿垫，以防换尿布过程中宝宝再次大小便。

2 撤掉脏尿布（纸尿裤）

- 让宝宝平躺在隔尿垫上，打开尿布，握住宝宝的双脚脚踝，轻轻上抬，使宝宝臀部离开尿布2~3厘米，然后用尿布干净的地方简单清理宝宝的臀部，再撤掉尿布。
- 如果宝宝垫的是纸尿裤，则用纸巾简单清理宝宝臀部上的粪便。

3 做好清洁工作

- 在宝宝的臀部下面垫一块干毛巾，然后用湿巾或湿毛巾清洁宝宝的臀部，再用纸巾反复轻按宝宝臀部，吸收掉水分，然后再晾一晾宝宝的臀部。
- 给女宝宝擦拭，要从前向后擦拭，忌从后往前，因为这样容易使粪便污染外阴，引起感染。
- 给男宝宝擦拭，要看看阴囊上是否沾有大便，动作要轻柔。

4 垫上尿布（或戴纸尿裤）

- 折好尿布（尿布的折叠方法见下页）。如果给宝宝戴纸尿裤，可以省掉折尿布的"麻烦"。
- 一只手搭在宝宝膝盖下方，手掌放到宝宝臀部下方，轻轻托起，另一只手将尿布塞进臀部下方，接着适度分开宝宝双脚，把尿布向上折至肚脐下方，左右对称地固定尿布，扣上尿布扣或穿上尿布兜，再将尿布整理平整。
- 如果给宝宝戴纸尿裤，则是把有腰贴的部分垫在宝宝臀部下方，然后适度分开宝宝的双脚，把纸尿裤的前片向上拉起，盖住宝宝的肚子，再把纸尿裤两端的腰贴粘住前片，最后整理好纸尿裤的边缘、调整腰部松紧。

图解尿布的折叠方法

自制尿布一般做成长 50 厘米、宽 35 厘米的长条，直接垫在宝宝臀部，然后用腰带或尿布兜固定就可以了。而购买的纱布尿布大多是正方形的，需要折叠。常用的折叠方法有：

1. 梯形叠法——适用于较小的宝宝

• 将尿布平铺在床上，对折两次成小正方形。

• 掀开上面 3 层的角。

• 拉开最上面的一个角，使尿布一边呈三角形，另外一边还是正方形。

• 翻转方向，使三角形在下面，正方形在上面。

• 把正方形向右折 2 次。

• 折好后尿布呈中间长方形、两边三角形的样式。

使用时将长方形向上折，三角形向宝宝腹部折，最后用尿布扣固定。

2. 风筝叠法——适合较大的宝宝

• 将尿布呈菱形方式平铺。

• 像折飞机一样，以斜线为中心，将两边对折。

• 将上方的三角形下折，并藏在对折的三角形里面。

• 根据需要，将下方的角上折。折得多，尿布就短；折得少，尿布就长一些。

使用时将宽的部分垫在宝宝臀部，前片向上折，用腰带或尿布兜固定。

包裹宝宝的正确方法

宝宝出生后的几天，一般都将他包裹起来，这样能帮助宝宝在受到刺激时平静下来，让宝宝有安全感，还方便父母把宝宝抱起来。你可以参考育婴师包裹宝宝的方法：

• 将包被下方的角（宝宝脚的方向）往上折，盖到宝宝的下巴下方。把包被另一边的角拉起，盖住宝宝的身体。

• 把包被平铺在床上，头套在上。

• 轻轻抱起宝宝，从左边掖进身体下面。

• 将宝宝臀部清理干净，穿好尿布或戴上纸尿裤，仰面放在包被上，注意放宝宝时臀部先着地，头部枕在头套一半的位置上。

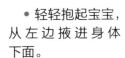

• 整理好包被的棱角，避免盖住宝宝的口鼻，让宝宝感到舒适。

• 把包被一边拉起，盖住宝宝的身体，并把边角从宝宝的左腋下穿过，掖进宝宝身体后面。

 育婴师经验谈

冬天时为了保暖，宜将宝宝的双手都包裹住。夏天时天气热，可只包胳膊以下的身体，让宝宝的胳膊自由活动。

新生宝宝有自己想要的姿势——手呈"W"状，腿呈"M"状。爸爸妈妈包宝宝时，可适当包得松一些，给宝宝留出活动的空间。

给宝宝穿衣也是一门学问

让宝宝穿得舒服，这是父母们都应掌握的基础技能。穿衣看似简单，其实它也是一门学问，从选择衣物到帮宝宝穿脱、清洗衣物，都有不少注意事项。

育婴师教你如何为宝宝挑选衣服

一看标签

正规厂家生产的婴儿衣物，标签上会标明面料的成分和含量、商品执行标准、洗涤方法、产品安全类别和厂家信息等内容。3岁以下的婴幼儿服装必须标明"A类（婴幼儿用品）"等字样（婴幼儿服装A类标准：甲醛含量小于或等于20毫克/千克），而且标明"不可干洗"或者有圆形带叉的图案，如果衣物上没有这两个内容，建议不要购买。

二选面料

宜给宝宝选纯棉的衣服。判断衣物是否为纯棉，育婴师的经验是：

◎看标签，标签上通常会标明衣服的面料成分。

◎用手一把将衣物抓在手里，再放开，如果皱得厉害，说明棉的成分居多，反之说明棉的成分少、其他成分多。

◎纯棉面料光泽比较淡，反光不强，看起来比较柔和，摸起来手感比其他质地的要柔软舒服。

三看颜色

颜色较深、较鲜艳的童装，在印染过程中会用到许多染料和着色剂，贴身穿着时，可能会引起过敏，而且清洗时容易褪色，所以宜给宝宝选浅色、少印花的衣物。

四看细节

选购宝宝的衣物时，要仔细翻看衣物的做工是否细致、线头多不多、边缘是否平整、系带或纽扣是否牢固、标签和缝纫面是在衣物里面还是外面等。

五摸图案

用手摸衣服上的印花图案，如果面料有一定厚度的隆起，而且摸上去有点黏，很可能是服装在印花过程中使用了含有塑化剂的涂料，应避免购买。

六挑款式

建议买上衣、裤子分开的套装，这样如果尿湿了只需要换裤子和尿布，不需要脱上衣。另外，尽量选择开口的衣服，以方便穿脱。

七选大小

给宝宝买衣物时，要根据宝宝的月龄、身高、体重等，对照衣物标签上的尺码进行选择。一般建议买大一号的衣服，因为宝宝发育很快，本来合适的衣服很容易变小。

八闻味道

购买宝宝的衣物时，一定要闻一闻衣物上是否有刺激性的气味。如果衣物上的甲醛、pH值超标，常会散发出刺鼻性气味或霉味，不宜购买。

顺利给宝宝换衣服的技巧

给宝宝换衣服时，他总是手舞足蹈的，常常是刚穿上这只裤腿就被他蹬下来，真是让人很无奈。其实，只要你用对了方法和技巧，给宝宝换衣服并不是难事儿。

脱衣服的方法和技巧

脱开衫衣服

1 把宝宝平放在床上，从上到下解开衣服（图①）。

2 一手拉住宝宝右衣袖，一手从腋窝处伸进袖管，握住宝宝的肘部，轻轻拉出宝宝的右手（图②、③），再用同样的方法拉出宝宝的左手。

3 如果宝宝穿的是连体的蝴蝶衣，一只手轻轻托起宝宝的背部、脖子和头部，另一只手把上半部分衣服褪至臀部以下，然后再托住宝宝的左腿弯，将宝宝的左脚抽出，再用同样的方法抽出宝宝的右脚。

脱套头衫

1 如果有肩扣，先将肩扣解开；将衣襟向上卷到颈部下方（图④）。

2 用"脱开衫衣服"步骤2的方法，将宝宝的左右手抽出（图⑤）。

3 双手伸进衣服内侧，把衣领撑开，轻轻把衣服向上翻，使宝宝正面的脖子和头部顺利穿过衣物，再轻轻托起宝宝头部，把衣服抽出（图⑥、⑦、⑧）。

脱裤子

1 一手握住宝宝的双脚轻轻上提，轻轻托起使臀部离开床面2厘米左右，另外一只手将宝宝后面的裤子轻轻褪至臀部以下（图⑨）。

2 让宝宝平躺，双手拉住宝宝裤腰两侧，轻轻地将裤子完全脱下（图⑩）。

穿衣服的方法和技巧

穿开衫衣服

1 将衣服铺在床上，衣扣或细带解开，衣襟平展至两侧（图⑪）。

28

2 让宝宝平躺在衣服上，脖子对准衣领的位置（图①、②）。

3 卷起一半衣袖，右手撑起卷起的袖口，左手握住宝宝的左手肘，将宝宝的手伸进衣袖里；右手握住宝宝的左手手腕，轻轻地将其拉出来，左手顺势将衣袖往上拉（图③、④、⑤）。然后用同样的方法穿好宝宝的右手。

4 将衣服整理平整，系上扣子或带子（图⑥）。

穿裤子

1 让宝宝平躺在床上，双手卷起宝宝的左腿裤腿，用右手撑起卷好的裤腿，轻轻握住宝宝的左腿，使其弯曲，然后放入裤管中，用同样的方法穿好右腿（图⑦、⑧、⑨）。

2 向上提拉宝宝的裤腿，直至脚丫全部露出（图⑩）。

3 然后，一手托住宝宝的臀部，使宝宝的下半身略微抬起，另一只手向上提拉裤腰（图⑪）。

4 最后，整理宝宝的裤腰、裤腿等部位（图⑫、⑬）。

穿连体衣

1 将衣服平铺在床上，让宝宝平躺在衣服上，脖子对准衣领位置（图⑭、⑮）。

2 一手卷起裤脚，一手握住宝宝的左脚小腿，将其伸进裤腿里，卷裤脚的手握住宝宝的脚踝轻轻拉出，具体做法可参照穿裤子的方法，对于没有裤腿的连体服，可避免这个步骤。

3 用"穿开衫衣服"步骤3的方法，

给宝宝穿上衣袖（图①、②、③、④）。

4 将衣服整理平整，系上扣子（图⑤、⑥）。

穿套头衫

1 将衣服向领口方向卷起，双手将领口撑开，然后将领口的后部套到宝宝的后脑勺下，再将领口向前往下拉。在靠近宝宝脸部时，要把衣服平托起来，避免摩擦宝宝的皮肤（图⑦、⑧、⑨）。

2 将袖子沿袖口完成圆圈形，一手握住宝宝的肘部，将手从袖圈穿过去，另一只手握住宝宝的手腕轻轻拉出，使袖子套在宝宝的手臂上。用同样的方法给宝宝穿

上另一只衣袖（图⑩、⑪、⑫）。

3 将正面的衣服轻轻往下拉，

然后一只手托起宝宝的肩膀、颈部和头部，另一只手将宝宝后背的衣服往下拉，最后将衣服整理平整（图⑬）。

宝宝衣物的清洗方法

尿布的清洗方法

如果尿布上没有大便，先用清水加洗衣液浸泡10~15分钟，接着揉搓2~3遍，用清水洗净，再用开水烫10~15分钟，最后将尿布晒干就可以了。如果尿布上有大便，需要先将大便用硬纸板刮下来，用清水刷洗一遍，然后在大便黄渍处揉搓上洗衣液，放置20~30分钟，接着用开水烫泡至水变凉后稍加搓洗，能轻松洗掉大便黄渍，最后用清水洗净，放在阳光下晒干。

衣物上污渍的处理

◎汗水：先将衣物放入加有洗衣液的清水中浸泡15分钟左右，然后反复揉搓，最后洗净晒干就可以了。

◎乳汁：如果衣物上的乳汁没有结块，参照汗水的处理方法来清洗；如果乳汁已经结块，需要先用刷子将其刷掉，然后用清水加含酶的

清洗剂浸泡 15 分钟左右，以加速蛋白质的分解，最后揉搓干净，清洗后晾晒就可以了。

宝宝穿衣要跟上季节变化

换季时宝宝最容易生病，这是因为不及时增减衣物，而使宝宝着凉或出汗后吹风造成的。育婴师在这方面很有经验，她们都赞同一个观点——宝宝的衣着要跟得上季节的变化。

春捂一捂，秋冻一冻

"春捂秋冻，不生杂病"。由冬转入初春时，乍暖还寒，给宝宝穿衣要厚一些；仲春天气逐渐转暖，可根据地域和气温，给宝宝换上厚薄适宜的毛衫、外套；暮春时北方温度适宜，可给宝宝穿长袖单衣，下雨天冷时加外套，而南方开始进入夏天，可穿短袖衫。

由夏入秋时，不要着急给宝宝穿厚衣服，可根据天气变化添加薄的长袖或马甲，再逐渐过渡到稍厚的外套，最后到棉服。育婴师提醒各位爸妈，"秋冻"并不意味着给宝宝少穿衣服，而是根据天气的变化适当增减衣服，以宝宝觉得舒适为宜。

夏天勤换衣服

夏天气温高，出汗多，要勤给宝宝换衣服，尤其是活动后出汗多，要给宝宝擦干汗、换上干净的衣服。可给男宝宝穿短袖、短裤，给女宝宝穿宽松的裙子或短袖、短裤。下雨时天气比较凉，应换上轻薄的长衣长裤。在开空调的房间里，应给宝宝穿长袖或薄外套。

另外，宝宝穿的凉鞋最好能包住脚趾。建议给宝宝穿上薄袜子，要时刻保持袜子干爽，尤其是新生宝宝，因为脚部受凉容易导致感冒、腹泻等不适。

冬天注意保暖

冬天，许多家长都把宝宝裹得像个粽子似的，这样反而容易让宝宝出汗，吹风或感受风寒后生病。宝宝冬天应该怎么穿呢？下面是我们育婴师总结的经验。

◎先让宝宝穿上柔软的棉质内衣，再穿保暖的外衣外裤，这样棉质内衣可以吸汗，还能让空气保留在皮肤周围，阻断体热散失，使宝宝不容易受凉生病。

◎外出时给宝宝戴上帽子、手套。1 岁以内的宝宝，要用襁褓包裹好，但要露出头部。

◎带宝宝进行户外活动，宜多带一件衣服，活动后及时给宝宝穿上。

◎北方冬天室内有暖气，从室外回到房间后不要急着脱衣服，应等宝宝身体回暖后再脱掉外衣。

如何判断宝宝冷热

给宝宝穿衣服，讲究一个适度。我们的育婴师是这样判断宝宝衣着是否适合的：摸摸宝宝的手脚，手脚温暖、身体无汗，说明宝宝衣着合适；手脚温暖、身体多汗，说明宝宝衣着过多；宝宝手脚发凉、打喷嚏、流鼻涕，说明宝宝衣着太少。

如何给新生儿洗澡

面对萌萌软软的宝宝，是不是不知道从哪儿"下手"？不用担心，看我们的育婴师是怎样给宝宝洗澡的。

第1步

选择合适的洗澡时间

给宝宝洗澡，宜选他清醒的时候，最好在吃完奶1小时左右进行。

第2步

准备洗澡用品

开空调或暖风调节室温至 24~26℃；在垫子或床上铺浴巾；准备方巾、小毛巾、洗发露、尿布、衣裤、爽身粉等用品；在浴盆中放水，用水温计测试，水温在 35~37℃为宜，摆好浴床。

第3步

给宝宝洗脸

先不给宝宝脱衣服，将方巾蘸湿后，从眼角内侧向外轻轻擦拭双眼，然后按照"额头→鼻子→嘴巴→脸颊→耳后"的顺序，给宝宝擦洗脸部。

第4步

洗头

坐在凳子上，用手臂夹住宝宝，对于刚刚接触宝宝的新妈妈来说，如果你无法用手臂夹住宝宝，可将宝宝放在大腿上（宝宝头部朝盆方向），左手绕过宝宝的身体托住头颈，手指分开，拇指压住宝宝的右耳郭，无名指、小指压住宝宝的左耳郭，对于手小的妈妈来说，可将手指分开，托住宝宝的后脑，保证宝宝的头部稳定。稍微向下倾斜你的膝盖，使宝宝的头稍低于身体，然后右手将小毛巾蘸湿，把宝宝头发弄湿，抹上洗发露，轻轻按摩头部，再用温水冲洗干净并擦干（见下页图）。

第5步

洗身体

按照前文脱衣服的方法将宝宝的衣服脱掉，然后将他轻轻放在浴床上，使宝宝颈部以下都浸在水中，你的左手前臂托住宝宝的头颈，手指握住宝宝的肩膀，右手先轻轻地往宝宝身上泼水，然后按照"颈部→前胸→腹部→手部→背部→腿部→外阴→臀部"的顺序清洗宝宝的身体。

动作一定要轻柔，如果宝宝的皮肤发红，你需要减轻力度；注意清洗皮肤褶皱处。

妈妈一定要对宝宝微笑，跟他说话，用泼水的动作让他爱上洗澡。爸爸可以用小鸭子等玩具吸引他的注意力，缓解他的紧张情绪。

第6步

擦干身体

洗完后，把宝宝慢慢地抱出，轻轻地放在垫有浴巾的垫子或床上，迅速用浴巾包裹好宝宝，然后从上到下把宝宝的身体、皮肤褶皱处擦干。

第7步

清理肚脐

用棉签轻轻擦干脐部的水分。在脐带未脱落之前，还需要涂抹碘酒。

第8步

换尿布、穿衣服

给宝宝换上尿布（或纸尿裤）、穿上衣服。

重要部位的清洁与护理方法

面对柔软的新生命，新手爸妈常不知所措，尤其是面对脐带、指甲、囟门等听起来熟悉的部位，不知道怎么清洁和护理。以下是我们育婴师的经验，操作简便，很适合新手爸妈。

脐带：时刻保持干燥

新生宝宝出生后 1~2 分钟，医生会将宝宝的脐带结扎并切断，然后消毒包扎。脐带残端会在 1~7 天后自然脱落。脐带脱落后，脐窝常会有少量分泌物。所以爸妈一定要细心护理脐带，重中之重就是时刻保持脐带干燥。

脐带未脱落之前的清洁和护理

① 妈妈洗净双手，将尿布或纸尿裤轻轻往下卷。

② 用酒精将棉签蘸湿，然后从脐带根部开始消毒。

③ 消毒完毕，覆盖上几层叠好的无菌纱布，然后用胶带固定脐周，最后将纸尿裤穿好。

脐带脱落之后的清洁和护理

◎ 每次洗澡后，用棉签将脐窝里的水分轻轻擦干。

◎ 如果脐窝里有污垢，可在每次洗澡时，用棉签蘸点沐浴液轻轻擦拭，然后用清水冲净，并用细软吸水的毛巾擦干。污垢可能一次无法清理干净，需要多次清洗，这时爸妈可不要着急，更不能用手抠。

如果脐带超过 10 天还没有脱落，或者脱落时肚脐出血、渗水、化脓，应立即带宝宝就医。

眼睛：擦拭要一次过

宝宝的鼻泪管发育还不完善，容易分泌白色的眼屎。你可以用以下方法清理：

 育婴师经验谈

脐带未脱落前可以给宝宝洗澡，但洗澡后要用棉签将脐带上的水分擦干，然后严格按照上述步骤对脐带进行护理。

育婴师经验谈

如果宝宝的眼屎呈黄色，很黏稠，说明可能感染结膜炎了，要尽快去医院检查。

将宝宝擦眼睛专用的方巾轻微蘸湿，按照由内向外的方式擦拭宝宝的眼角。擦拭时要一次过，不要反复擦拭。如果一次擦拭不干净，换干净的棉签，蘸湿后再擦拭。

耳朵：不要深入清洁

宝宝的耳道十分狭窄，爸爸妈妈不要将棉棒深入内耳道清洁，这样容易将杂物推入耳内，破坏自洁机制。你只需要清理宝宝的外耳就可以了，方法为：把纱布轻微蘸湿，沿着耳郭的轮廓轻轻擦拭，然后轻轻擦拭外耳道部分，再用干的纱布吸干水分。

鼻腔：呼吸不畅时要及时清理

鼻腔平时的分泌物不一定是垃圾，它是预防感染的一道防线。一般宝宝会通过打喷嚏把分泌物排出去，但如果他鼻腔里的分泌物过多、过硬，呼吸时有呼噜声，感觉像鼻子被堵住了一样，就要帮他清理。方法为：将消毒过的纱布一角按一定方向揉成细条状，轻轻地放入宝宝的鼻腔里，按照反方向一边转动一边往外拉，分泌物会随之被带出来。对于比较硬的分泌物，可先往宝宝鼻腔滴 1~2 滴温开水或乳汁，等分泌物软化，再用上面的方法清理。

口腔：喝完奶后要漱口

每次宝宝吃完奶后，要给他喂一口温开水，可以有效地冲净口腔中残留的奶液。如果宝宝吃完奶就睡着了，难以喂水，可在宝宝每次醒来时给他喂水。

囟门：清洗时动作一定要轻柔

囟门的清洗可在洗澡时进行，清洗时涂抹婴儿专用洗发液，将毛巾平置在囟门处轻轻揉洗，然后用清水冲洗干净就可以了。如果囟门上有污垢或皮屑，可以先用棉签蘸少许乳汁或植物油涂抹在污垢或皮屑上，等这些污垢或皮屑软化，再用卫生棉球按照头发生长的方向擦掉，用清水冲洗干净。宝宝的囟门很娇弱，千万不能用力按压或抓挠，更不能用硬物在囟门处刮划。

育婴师经验谈

囟门是观察疾病的窗口。如果囟门隆起或者过度凹陷，表示宝宝可能出现脑部疾病或其他健康问题，应及时带宝宝就医。

臀部：清洁方法分男女

女宝宝臀部的清洁方法

第1步：清洁肛门和会阴周围

按照从上往下、从前往后的方向，用湿巾或湿毛巾擦掉宝宝会阴和肛门处的污物。

第2步：清洁阴唇

再拿一个干净的湿巾或湿毛巾，轻轻擦拭宝宝阴唇表面，然后翻开阴唇，轻轻擦掉内侧的污物。如果宝宝阴唇内侧没有污物，就不用擦拭。

第3步：清洁大腿根部

清洁大腿根部及皮肤褶皱处，轻轻擦干。

第4步：温水清洗臀部

按照从前往后的方式清洗宝宝的外阴和臀部，然后用干毛巾擦干，再抹上护肤品。

男宝宝臀部的清洁方法

第1步：清洁肛门及周围皮肤

一手握住宝宝的脚踝，轻轻提起，另一只手用湿巾或湿毛巾按照"阴囊后方→肛门"的方向轻轻擦拭宝宝肛门及周围。

第2步：

清洁阴茎及阴囊

顺着阴茎的方向轻轻擦拭，然后轻轻地扶直阴茎，轻柔地擦拭阴茎根部和阴囊表面褶皱处。

第3步：清洁大腿根部

轻轻擦拭宝宝大腿根部和周围褶皱的皮肤。

第4步：温水清洗臀部

先清洗宝宝外生殖器的皮肤褶皱处，再清洗大腿根部的皮肤褶皱 和臀部。用干毛巾轻轻擦拭，完全干透后擦上护肤品。

指甲：趁着宝宝睡着时"下手"

宝宝指甲长得快，一不小心就容易抓破脸，所以爸爸妈妈要勤给宝宝剪指甲。爸爸妈妈可以趁宝宝睡着，左手握住宝宝的手指，右手拿着婴幼儿专用指甲刀，从宝宝指甲边缘的一端，沿着指甲的弧度轻轻地转动指甲刀，就能把指甲剪下来了。如果不小心剪到宝宝的手指，应尽快用消毒纱布或棉签压住伤口，直到止血，然后涂抹红霉素眼膏或医用酒精消炎。

辨别宝宝的哭声，正确应对是止哭关键

新生宝宝最经常做的事情就是哭，肚子饿了、大小便了、需要关注了，他只能用哭来表达。我们的育婴师在工作中发现，需求不同，宝宝的哭声也不同，要止哭，最好的办法就是"对症用药"。

哭声洪亮，原来是饿了

宝宝饿了，他一般哭得比较洪亮，同时头还会来回活动，嘴不停嚅动、做吮吸的动作。

育婴师止哭方　给他喂奶，哭声就会马上停止。

哭得满脸通红，应该是热了

宝宝觉得热了，除了出汗，有时也会大声哭，而且哭得小脸通红通红的。

育婴师止哭方　减少铺盖或脱掉一件衣服，把宝宝抱起来轻拍，他会慢慢安静下来。

哭声减弱，可能是觉得冷了

宝宝如果觉得冷，哭声会减弱，伴有面色苍白、手脚冰凉、寒战、身体蜷缩等表现。

育婴师止哭方　给宝宝加盖衣被，抱在怀里，宝宝觉得暖和了就不哭了。

哭得委屈，原来是尿布湿了

宝宝本来睡得好好的，但突然哭了起来，好像很委屈的样子，你要打开被子看看，是不是尿了。也有的宝宝比较"闷骚"，

尿了不哭，但他会用蹬腿、蠕动的方式表达自己不舒服。或者宝宝正在活动，突然不动了，很有可能是在大小便。

育婴师止哭方　换上干净的内裤，宝宝就会安静下来。

哭声由小变大，他需要你安慰

如果宝宝觉得没有安全感，想要你抱他，刚开始会紧张地小声哭，你不理他，他的哭声会越来越大。

育婴师止哭方　轻柔地拍拍宝宝，告诉他："别怕，妈妈在这儿！"或者摸摸他的小手，抱抱他，他有安全感了，就会慢慢安静下来。

哭闹不止，是不是生病了

宝宝不停地哭闹，怎么哄都没有用，或者哭声尖锐，伴有发热、面色发青、呕吐等，说明宝宝生病了，要及时去医院检查。

育婴师止哭方　遵医嘱用药；宝宝哭时抱他，让他感到安全。

毫无缘由地哭，需要你的安抚

有的宝宝常常在每天的同一个时间哭，经过医院反复检查也不知道原因，这多半是宝宝想发泄而已。

育婴师止哭方　这时，你需要安抚他，带他转转、散散步，或者给他唱歌、给他拍嗝等，想办法转移他的注意力。

让宝宝睡得好也是个难题

不少新生宝宝过着"黑白颠倒"的生活，这让新手爸妈天天挂着黑眼圈。你不妨试试我们育婴师的方法，让自己和宝宝都睡得好。

帮助宝宝快速入眠的方法

1. 安抚性地按摩

有节奏地轻抚宝宝的腹部，或轻拍他的背部，这样会让宝宝有安全感，很快睡着。但要注意抚摸或轻拍的节奏要保持一致，不要随意更改，在宝宝睡着之前不要停止。

2. 借助安抚奶嘴

将干净的安抚奶嘴放到宝宝的小嘴里，让他吮吸时，可以使他得到抚慰，很快地入睡。但安抚奶嘴不要太长时间使用，以免宝宝对安抚奶嘴产生依赖性；宝宝睡着之后要把奶嘴取下来。

3. 来回推小床

有节奏地来回推动宝宝的活动小床或婴儿车，也可以让宝宝尽快入睡。

4. 轻哼催眠曲

在哄宝宝入睡时，你轻轻哼唱催眠曲，也能帮他快速入睡。也可以播放柔和轻快的音乐，能让宝宝睡得更沉、更香。

正确的睡姿助好眠

宝宝刚喝完奶最好采用右侧卧位，可以减少溢奶；大约 1 个小时后可改为仰卧位。

每隔 4 个小时左右，给宝宝调换一次睡眠的姿势。

忌 让宝宝俯卧着睡，这样容易压迫到内脏，还特别容易引起窒息。

良好的作息从出生开始培养

从宝宝出生的那一刻开始，就要开始培养宝宝的作息习惯。白天让宝宝睡在活动床、婴儿车或摇篮里，晚上则睡在婴儿床上。夜间哭闹时，你需要静静地喂奶，尽量不要跟他说话，或者悄悄地换尿布，让他慢慢懂得晚上醒来只是喝奶或大小便，并不是玩耍的时间，这样他夜间的睡眠模式就会越来越规律。

如果宝宝夜间醒来，不是因为饿了、大小便了，那多半是他想要得到更多的关注。你可以这样做：

1 暂时不理会宝宝哭闹，等几分钟，大多数宝宝等不到安抚就会自己再次入睡。

2 如果宝宝哭闹比较厉害，你可以轻轻拍一拍，安抚他。如果效果不好，就要抱起来安抚，等他哭声减轻后再放回小床。

育婴师经验谈

让宝宝和大人一起睡容易让宝宝形成依赖心理，还有可能影响到宝宝的呼吸，妈妈身上的头皮屑、汗液里的细菌等也有可能传染给宝宝。所以，从宝宝出生开始，就应让他自己睡小床。

按时给宝宝体检和预防接种

宝宝满月时,需要给宝宝进行常规体检和预防接种。

满月常规体检项目

满月时,爸妈要带宝宝到社区医院,给宝宝建立体检档案,并进行出生后第一次常规体检。医生会把检查结果记录在宝宝的体检本上。在体检本上,会有详细的体检时间和体检项目,以后爸妈按照体检本的时间和要求带宝宝体检就可以了。

预防接种的注意事项

1 准备好宝宝的预防接种证,医生凭证接种,并在证上登记接种疫苗的名称、日期,以及下一次接种疫苗的时间。

2 如果宝宝在接种前几天出现发热、腹泻、咳嗽等不适,需要暂停接种,等身体完全康复后再补种。

3 在接种前1个小时内不要给宝宝喂奶,避免接种时宝宝哭闹而溢奶、吐奶。

4 宜在宝宝清醒时接种。若在宝宝睡着时接种,突然的疼痛容易给宝宝留下心理阴影。

5 接种后2小时内,要在医院观察,确定没有不适反应再离开。之后在家继续观察24小时,看是否有不适反应。另外,接种疫苗后24小时,针眼不能碰水,以防发炎。

0~3岁宝宝疫苗接种安排早知道

宝宝年龄	疫苗种类	宝宝年龄	疫苗种类
出生时	卡介苗、乙肝疫苗第1针(根据宝宝父母是否携带乙肝病毒,选择相应的乙肝疫苗)	6个月	乙肝疫苗第3针
1个月	乙肝疫苗第2针	8个月	麻疹疫苗初种
2个月	脊髓灰质炎疫苗初服	1岁	乙脑疫苗基础免疫2针,间隔7~12天(宝宝1岁后在5月份接种)
3个月	脊髓灰质炎疫苗复服、百白破疫苗第1针	1岁半	百白破疫苗加强1针、麻疹疫苗复种、三价小儿麻痹糖丸疫苗加服
4个月	脊髓灰质炎疫苗第3次服用、百白破疫苗第2针	2岁	乙脑疫苗加强1针(宝宝2岁后在5月份接种)
5个月	百白破疫苗第3针	3岁	乙脑疫苗再加强1针(宝宝3岁后在5月份接种)

宝宝最佳喂养方案

母乳喂养：宝宝最天然的饮食方式

你需要知道：乳汁是怎样分泌的

乳房的构造

乳房位于人体胸大肌上的浅筋膜中，上、下缘分别与第2肋和第6肋齐平。它主要由结缔组织、脂肪组织、乳腺、大量血管和神经等组织构成。

乳腺叶、乳腺小叶：

成年女性的乳腺组织由15~20个乳腺叶组成，而乳腺叶由许多乳腺小叶构成，主要功能是显示女性特征、泌乳。

输乳管：

将乳汁输送到乳头。妈妈出现急性乳腺炎，乳房胀痛但乳汁无法分泌出来，就是输乳管堵塞造成的。

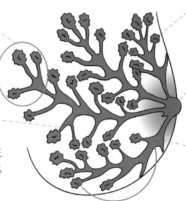

腺泡：

乳腺小叶含有很多腺泡，腺泡的主要功能为泌乳。

乳头：

乳房的开口，挤压时会有乳汁喷射而出。

乳窦：

收集输乳管输送过来的乳汁。

乳汁分泌机制

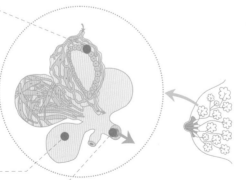

腺泡：

腺泡中的腺细胞受到泌乳素的刺激，将血液转变成乳汁。

肌上皮细胞：

腺泡周围的肌上皮细胞受到催产素的刺激，像泵一样收缩，将乳汁压到输乳管。

输乳管：

乳汁经过输乳管，在乳窦汇集，当宝宝吮吸时，就会喷射而出。

刺激传输到脑下垂体，使身体分泌泌乳素和缩宫素。

宝宝吮吸乳头时，产生刺激。

一定要让宝宝吃到初乳

宝宝的第一口奶非常重要，但很多妈妈刚生完宝宝，乳汁很少，只有少量的初乳，于是怕宝宝饿就给宝宝喂奶粉。其实，这种做法是不正确的。分娩后只要母婴情况稳定，就应在医生的指导下进行母乳喂养，尽早让宝宝吮吸，保证宝宝的第一口奶就能吃上初乳。

初乳是新妈妈分娩后 1~6 天内分泌的乳汁，颜色发黄，质地浓而黏。虽然初乳的量很少，而且其貌不扬，但它符合新生宝宝的肠道特点，容易消化，而且含有大量的免疫成分，可帮助宝宝提高身体免疫力，预防黄疸，促进胎便排出。

宝宝出生半小时后，觅食反射最强。这时，只要母婴情况都良好，就要及时让宝宝吮吸妈妈的乳头。在分娩后的几天，妈妈的乳汁分泌比较少，当宝宝饿时，不要着急给宝宝吃奶粉，而是让宝宝先吮吸妈妈的乳头，尽可能地不让初乳"流失"。一般一天吮吸 10~12 次，能让宝宝充分吃上初乳，还能促进乳汁分泌。

各个时期的母乳特点

分娩后 1~6 天内 初乳

初乳特点：呈黄色，浓而黏，量少，但质量高、营养佳。
营养成分：免疫成分、各种酶类、抗氧化剂、蛋白质、维生素，钠、锌、钙等矿物质，少量脂肪。
初乳功能：宝宝的第一支"疫苗"，防止细菌和病毒感染；促进胎便排出，减少黄疸发生，利于益生菌定植；帮助肠道成熟，防止过敏。

分娩后 7~14 天 过渡乳

乳汁特点：乳量增多，脂肪含量达到最高，蛋白质和矿物质含量相对较少。
营养成分：脂肪、蛋白质、矿物质、乳铁蛋白、溶菌酶等。

分娩后第 3 周~第 9 个月 成熟乳

前奶：比较稀，含有丰富的蛋白质、乳糖、维生素、矿物质、水分等。
后奶：含脂肪较多，水分少，比较黏稠，提供的能量比前奶高。
提示：6 个月左右分泌的乳汁在量和质上都达到了峰值，之后乳汁的量会逐渐减少，质也会逐渐降低。

分娩后 10 个月之后 晚乳

分泌量逐渐减少；糖类含量没有多大变化，其他营养成分均有所减少。

第 1 个月的母乳喂养安排

母乳喂养最重要的原则就是按需哺乳，只要宝宝饿了就随时喂哺，或者奶阵来了，只要宝宝想吃就可以喂哺。按需哺乳既可使乳房排空，又能通过频繁的吸吮刺激乳汁的分泌。所以在第 1 个月，按需哺乳即可。

按需哺乳最重要的是要了解到真正的"需"。很多新妈妈一听见宝宝哭，就认为宝宝饿了，即使距离上一次喂奶不到 1 个小时，也会给宝宝喂奶。其实宝宝哭有很多原因，不加分辨地喂奶相当于让宝宝处于"吃零食"的状态，肚子没有清空后的饥饿感，也没有饿了吃饱饱的满足感，没有建立起"饥、饱"的概念，很容易造成宝宝吃奶不积极、肠胃积奶不消化的情况。所以，在给宝宝喂奶时，妈妈一定要摸清宝宝是不是真的饿了。根据我们育婴师的观察，宝宝饿了常用洪亮的哭声，以及嚅嘴或寻找乳头的动作，来表达吃奶的愿望，这时就要及时给宝宝喂奶。

母乳喂养的方法和姿势

在喂奶前，妈妈需要穿着宽松、方便哺乳的衣服，洗干净双手，用毛巾蘸温开水擦净乳头和乳房，找好舒适的姿势，然后再开始喂奶。

喂奶的正确姿势

喂奶时最常用的姿势有 2 种，一种是摇篮式，是传统的哺乳姿势；另一种是侧卧式，适合剖宫产的妈妈以及夜间喂奶。

摇篮式：坐在沙发或床上，让宝宝的臀部和腿部靠在你的大腿上，头颈部枕在一侧臂弯里，手前臂穿过宝宝的背部，揽住宝宝的腰，使宝宝与你肚子贴着肚子，他的脸贴着你的乳房，然后用另一只手托起宝宝面对着的那一侧乳房，让宝宝含住你的乳头和大部分乳晕。为了减轻你手臂的"负担"，可以在腿上垫一个枕头。

侧卧式：妈妈侧躺，背后垫一个枕头，斜靠在枕头上，然后让宝宝的头颈枕在你贴近床面的臂弯里，使宝宝的脸朝向你，他的嘴和你的乳头保持同一水平线，再用另一只手托住乳房，帮助宝宝含住乳头（见下页图）。

正确含接方法

当宝宝正确含住乳房时，他的嘴会张得很大，下唇外翻，上唇上面的乳晕比下方露得多；吮吸时他的小舌头像勺子的形状环绕着乳头，面颊鼓起，进行慢而深的吸吮，短暂的停止时你能看到宝宝吞咽的动作，听到吞咽的声音。

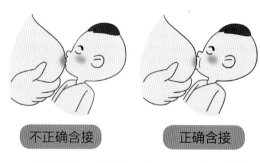

不正确含接	正确含接

• 宝宝吃奶时只含住乳头，不仅容易造成乳头皲裂，还会让宝宝不容易吸吮到乳汁。

新生儿不会吮吸乳头怎么办

很多妈妈怕刚出生的宝宝饿，就准备了奶瓶、奶粉，只要宝宝一哭就给他喂奶粉，这样很容易让宝宝爱上奶瓶，对妈妈的乳头不感兴趣，也不知道该怎么吸吮。看着哭闹着不肯吸吮乳房的宝宝，妈妈又心疼又着急，于是奶粉越喂越多，母乳则越来越少，最后慢慢变成全奶粉喂养。

我们的育婴师在护理宝宝时发现，宝宝越小，使用奶瓶的时间越短，只要用对方法，就越容易让宝宝爱上妈妈的乳房。

1. 刺激出奶阵

宝宝拒绝乳头的最大原因是他觉得吸吮乳汁不如吃奶瓶来得容易，所以在喂奶前，可先用温热的毛巾热敷乳房及乳晕3~5分钟，然后用洗净的手指轻轻捏住乳头左右转动，并不时触碰乳头的前端，刺激出奶阵，让宝宝一含住乳头就能大口地吃到母乳。

奶阵来时，你通常会觉得乳房有些痒，变硬，乳头变潮湿，轻轻一捏就有奶水喷出。

2. 让宝宝多品尝

在宝宝感觉不太饿时，让他多吸吮你的乳头，多吃母乳，当他习惯了就自然而然把你的乳汁当成唯一的食物。具体的操作方法为：趁着宝宝张大嘴巴时，把整个乳头和乳晕都塞进宝宝的嘴里，或者在宝宝吃安抚奶嘴时，换上你的乳头。每个宝宝都有最原始的吸吮反射，只要你的乳头塞得够深，他会本能地吸吮。

3. 纠正乳头内陷

吃惯奶瓶的宝宝对乳头的长度要求很高，不够长就不会吸，如果你的乳头内陷，他就更不喜欢吸了，你需要做的就是纠正乳头内陷。每次喂奶之前，你需要用乳头吸引器拉长乳头，然后再塞进宝宝嘴里。

多管齐下，解决母乳不足的问题

宝宝刚出生时，妈妈乳汁分泌不多，很多妈妈都怕宝宝吃不饱。其实，妈妈们大可不必如此担忧，不妨参考我们育婴师积累的经验，判断自己是否乳汁不足，然后再用正确的方法促进乳汁分泌。

判断母乳不足的方法

妈妈的表现	宝宝的表现
<ul><li>喂奶前，妈妈没有乳房发胀的感觉；喂奶后，乳房没有明显的变化。</li><li>喂奶时虽然有奶阵，但持续时间不够2~3分钟；吃奶时间较长，用力吸吮乳头，却听不到连续吞咽声。</li><li>刺激乳头时，胀感不明显，挤压出的乳汁不多。</li><li>每天喂奶的次数超过8次，每次喂奶的时间超过30分钟。</li></ul>	<ul><li>吃奶后间隔1个小时甚至30分钟又要吃。</li><li>吃完奶后，仍然哭闹，或者是嘴仍然在嚅动，睡觉不踏实，睡眠时间不超过1小时。</li><li>小便少于6次，大便少于2次。</li><li>大便太稀，能观察到绿色的泡沫。</li><li>体重下降超过7%，或满月后体重增加不足600克。</li></ul>

促进乳汁分泌的方法

① 让宝宝多吸吮

宝宝的吸吮是促进乳汁分泌的最好方法。乳汁不足的妈妈，每天最好让宝宝吸吮8次以上，每次每侧乳房不少于30分钟。

② 热敷加按摩

用温热的湿毛巾热敷乳房和乳晕，每次5分钟左右，然后按摩乳房，每侧各15分钟。每天早晚各1次。

以下是我们月嫂、育婴师在专业医生的指导下，以及实际工作经验中，总结出的一套催乳按摩方法，不仅有助于新妈妈乳汁分泌，对乳房保健、健美也很有好处。详细操作方法见本页、下页图示。

①双手置于乳房下侧，将乳房从下向上托起，做20次。　②双手置于两乳房外侧，从两边施力向内推，做20次。

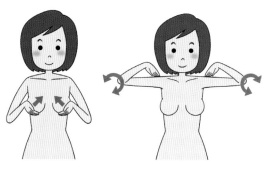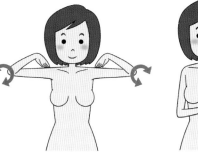

③双手置于乳房的下面，沿着对角线的方向向上推，做20次。

④将双手放到肩膀上，以肩膀为轴心，进行内外旋转，各20次。

⑤用食指或拇指按压乳房之间的膻中穴，按压20次。

⑥用食指按住乳房下端的乳根穴，沿箭头方向旋转按摩20次。

3 多吃催乳食物

均衡全面的营养是乳汁分泌的物质基础。哺乳期一定要吃饱，食物尽量丰富。以下是我们的育婴师根据医生的建议，参考营养膳食宝塔等资料，总结出来的哺乳期妈妈各类食物的摄入量，以及有利于乳汁分泌的食物。

食物分类	每日摄入量（单位：克）	食物推荐
谷物	400~500	小米、大米、玉米面等
蔬菜	450~500	黄瓜、茼蒿、生菜、西红柿、胡萝卜、菜花、圆白菜等
水果	150~200	橘子、苹果、草莓、香蕉、猕猴桃等
肉类	100~150	鸡肉、鸭肉、牛肉、猪瘦肉等
鱼虾	100~150	鲫鱼、鲢鱼、鳝鱼、鲤鱼、虾等
蛋类	150~200	鸡蛋（2~3个）、鹌鹑蛋（6~8个）等
奶及奶制品	250~350	酸奶、牛奶等
豆及豆制品	50~100	豆奶、豆腐、豆浆、豆芽等
油脂	20~25	大豆油、花生油、香油等

育婴师推荐的催乳食谱

花生炖猪蹄

材料：猪蹄 2 个，鲜花生 100 克，生姜 1 小块，盐、酱油、白糖各适量。

做法：

1. 猪蹄刮净外皮，洗净，斩成小块，放入开水中焯水，捞出沥干。

2. 花生洗净，浸泡；生姜洗净，切片。

3. 油锅烧热，爆香生姜片，倒入猪蹄煸干，加酱油炒匀。

4. 加入花生和适量的热水，大火煮开后小火炖煮 2 小时，加白糖和盐调味即可。

鲢鱼丝瓜汤

材料：鲢鱼肉 300 克，丝瓜 100 克，红枣 10 克，生姜 1 小块，盐适量，料酒 1 小匙。

做法：

1. 将鲢鱼肉洗净，切成片，用料酒和盐腌制 5 分钟。

2. 丝瓜去皮，切成块；生姜洗净，切成片；红枣用温水泡透。

3. 油锅烧热，放入姜片炒香，注入适量清汤，中火烧开后下入鱼肉、红枣。

4. 煮开后，加入丝瓜、盐，大火煮熟就可以了。

木瓜枸杞子鲫鱼汤

材料： 鲫鱼 1 条，木瓜 100 克，生姜 2 片，枸杞子 20 粒，盐适量。

做法：

1. 鲫鱼处理干净；枸杞子洗净；木瓜去皮，洗净切块。

2. 油锅烧热，放入姜片，放入鲫鱼煎至两面金黄，注入开水，大火煮开后转小火煮 20 分钟，放入枸杞子、木瓜，再煮 10 分钟，加入盐调味就可以了。

育婴师美食经验

妈妈还可以用木瓜搭配花生、红枣炖 1 个小时，加红糖调味，补血益气、通乳催乳的效果很不错。

莴笋猪肉粥

材料： 莴笋 300 克，猪肉 50 克，大米 50 克，鸡精、盐、酱油、香油各适量。

做法：

1. 莴笋去皮，用清水洗净，切成细丝；大米淘洗干净；猪肉洗净，切成末，放入碗内，加少许酱油、盐腌 10~15 分钟。

2. 锅内加适量清水，放入大米煮沸，加入莴笋丝、猪肉末，改小火煮至米烂汁黏时，放入盐、鸡精、香油，搅匀，稍煮片刻即可。

育婴师营养笔记

产后妈妈多吃莴笋可以通乳汁、利小便，改善乳汁不足、水肿的现象。

母乳多，宝宝吃不完怎么办

母乳多，吃不完，你需要把剩余的母乳都挤出来，让乳房排空，才有助于新的乳汁分泌。

挤乳汁的方法

使用吸奶器：先清洗双手，将清洗、消毒过的吸奶器组装好，然后坐在椅子上，身体微微向前倾；打开吸奶器的防尘盖，将乳头对准喇叭口的中心位置，同时将按摩硅胶紧贴乳房，防止空气泄漏；接着用较为舒适的力度握住手柄进行吸乳；吸乳完毕后，取下奶瓶，盖上密封保险盖，放入冰箱冷藏或冷冻就可以了。

用手挤乳汁：❶ 先用双手合围住乳房，拇指朝上，四指朝下，然后轻轻挤压乳房，重复十次；手指轻轻移向乳晕处，重复上述动作（图①）。

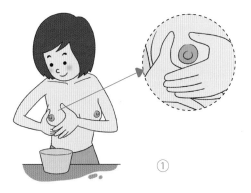

①

❷ 将消毒后的容器放在适当的高度，用一只手托住乳房，另一只手的手指移向乳晕，往肋骨处轻压，然后有节奏地向内轻挤，使乳汁流出，流入容器里（图②、③）。

②

③

剩余乳汁的去向

乳汁多得吃不完，你可以把乳汁挤出来，装入专用的母乳储存袋里，然后放入冰箱里冷冻，等你上班时，让家人解冻加温后喂给宝宝。一般放在冷冻室里，若经常开关门，保存期是 3~4 个月；如果是深度冷冻，温度在 0℃以下，不经常开门，可以保存 6 个月以上。

也可以用来洗脸、敷眼周，具有很好的美容嫩肤效果。还可以把乳汁当成按摩油，用来按摩胸部，能促进乳汁分泌，还能美胸。

正确拍嗝，预防宝宝吐奶

母乳喂养的宝宝不需要拍嗝？这种认知是不全面的。虽然母乳喂养的宝宝不容易吸入空气，但吃奶速度比较快或妈妈乳汁流速过快，也容易造成宝宝吐奶，所以宝宝吃完奶后拍嗝很重要。即使拍嗝很久但宝宝没有打嗝也没关系，换个姿势，将原本直立拍嗝的宝宝慢慢改成平躺，会让空气往上跑，再直立拍嗝通常就会很容易打嗝了。

宝宝吃完奶后，由于胃里下部是奶，上部是空气，所以会造成胃部压力，使宝宝出现溢奶、吐奶的现象。所以宝宝吃完奶后，爸爸妈妈要给他拍嗝，把胃里的空气排出来。

拍嗝的时间

一餐可分 2~3 次来拍嗝。遇到容易胀气、溢奶、吐奶或宝宝很饿的时候，在开始喂食之后不久就要先帮他拍嗝。溢奶、吐奶不多的宝宝，可先吃完一边乳房后拍嗝，然后再喂另一边，全部吃完后再拍嗝 1 次。

拍嗝的正确方法

把宝宝直立抱起，让宝宝的头靠在你的肩上，一只手五指并拢，手心弯曲呈接水状，即空心掌，轻轻拍宝宝后背的上半部分（图①）。这是育婴师推荐的拍嗝方法，也是最常用的拍嗝方法。

3 个月以上的宝宝，可以让宝宝坐在你的大腿上，背对着你，你一手穿过宝宝的腋下扶住他，另一只手按照直立拍嗝的方法，轻拍宝宝后背的上半部分（图②）。

宝宝吃奶睡着了也要拍嗝

新生宝宝常吃着吃着就睡着了，很多新手妈妈习惯地把他放下平躺，这种做法也容易造成宝宝吐奶或溢奶。因为宝宝刚吃完奶，胃里的空气并不会因为他睡着而减少，他也不会因为睡着而不打嗝了。所以，睡着的宝宝更需要拍嗝，最好直立抱起来轻轻地拍 3~5 分钟，然后让宝宝先侧卧 1 个小时左右，再调整到仰卧姿势。

①

②

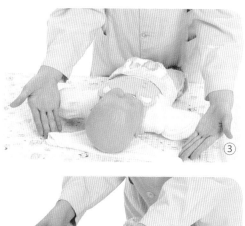

③

④

宝宝吐奶了，要及时清理

宝宝发生吐奶后，爸爸妈妈不要着急，先用干净的纱布清除宝宝口鼻部分残留的奶水，然后轻轻抚摸宝宝的背部，安慰他，等他舒服一些后再清理身体，更换被奶水弄湿的衣服。

宝宝喝完奶后如果仰卧着睡觉，妈妈应准备一块小毛巾，叠成三角形，垫在宝宝的脑袋下面，毛巾的角搭在耳朵的两边，这样即使宝宝吐奶或溢奶，也能避免奶水流到耳朵里，也可以给宝宝戴一块口水巾，溢奶时方便擦拭（见上页图③、④）。

育婴师教你夜间轻松喂奶

刚出生的小宝宝胃容积小，虽然一次吃得多，但消耗也多，容易饿，所以夜间妈妈总是要起来喂奶，有时要爬起来好几次。其实，我们育婴师对付宝宝夜间吃奶有自己的一套，按照她们的方法来，你夜间喂奶能轻松不少：

1. 学会躺着喂

晚上宝宝醒来要吃奶，你可以在背后垫几个枕头，斜躺着喂宝宝，避免抱起来。但躺着喂时要避免堵住宝宝的鼻子。

2. 让宝宝的爸爸代劳

如果你实在太累，可提前把奶挤到奶瓶里放冰箱冷藏，等夜间宝宝要吃奶时，让宝宝的爸爸用温奶器把奶温好喂给宝宝。

3. 睡觉前给宝宝喂一次

在你准备睡觉之前，给宝宝喂一次奶，能"撑"几个小时，让你多点儿睡眠时间。如果当时宝宝在睡觉，你可以将他抱起，放在胸前，用手轻轻抠他的手心，或者用稍微凉一点的毛巾给他擦脸，他通常会睁开眼睛。

4. 建立"喂奶—睡眠"模式

宝宝吃完奶、拍嗝后如果还不睡，不要跟他玩耍，让他自己睡，只要不哭闹，都不用哄他，时间久了他自然形成夜间吃完奶后就睡觉的模式。

母乳喂养的宝宝需要喂水吗

| 正方 ···· PK ···· 反方 ··················· 育婴师经验 |

• 母乳中含有大量的水分，不需要再额外给宝宝补水 • 水分让宝宝不觉得饿，影响喂奶	• 夏天出汗多，不喂水宝宝容易上火 • 给宝宝喂的水，很快会以尿液的方式排出，不会影响喂奶	• 夏天宝宝出汗多，再加上天气炎热、宝宝体热，需要适当喂宝宝喝一些白开水 • 宝宝发热时给他喂点白开水，可以帮助宝宝带走身体多余的热量，有助于降温 • 宝宝吐奶、腹泻后，适当喂一些温开水，有助于避免脱水的发生

人工喂养：正确喂养宝宝才健康强壮

如何为宝宝选一款适合的奶粉

频频发生的奶粉事件让很多父母对国产奶粉失去信心，一味地相信外国奶粉。其实，奶粉好不好，重要的是安全、宝宝爱喝。爸爸妈妈在选择奶粉时，不要盲目跟风进行海外代购，应把关注的焦点放在如何挑选一款合适的奶粉上。

除母乳之外，配方奶粉是宝宝可以选的最佳食品。目前市面上可见的配方奶粉品牌多、种类多，这难免会增加选择的难度。一般情况下，应选择正规厂家生产、质量和口碑比较好的奶粉。另外，我们的育婴师提醒各位爸妈，在给宝宝选择奶粉时要注意：

1. 初次购买选择小包装

第一次买奶粉时，先选择小包装，观察宝宝是否有过敏现象，是否喜欢这个牌子的奶粉，然后再决定要不要囤货。

2. 根据宝宝年龄选择

购买奶粉要注意分段。一般 0~6 个月的宝宝选择 1 段，6~12 个月的宝宝选择 2 段，1~3 岁选择 3 段，具体以奶粉包装上的标准为准。

3. 留意生产日期

购买奶粉时一定要看生产日期和保质期，尤其是打折和特价的配方奶粉。

4. 注意营养成分表

在选择奶粉时，需要看一看营养成分表。每个品牌的奶粉营养成分可能不一样，应对照自己宝宝的需求购买。例如宝宝枕秃、出汗多，可能是缺钙了，应买钙含量高一些的奶粉；宝宝偏瘦，宜选择能量高、蛋白质含量高一些的。

5. 摇晃奶粉罐听是否结块

买奶粉时，摇一摇奶粉罐，如果有撞击声，说明奶粉结块了，变质了，不能食用。

6. 试一试手感

塑料袋装的奶粉用手捏时，感觉柔软松散，发出"吱吱"的声音，说明奶粉品质好。若摸到结块，一捏就碎，可能是奶粉受潮了；如果结块比较大，捏不碎，或者只能捏碎一部分，说明奶粉已经变质，这两种奶粉都不宜选择。

罐装的奶粉，将罐慢慢倒置，感觉有物体猛地坠落，代表着无黏着的奶粉，质量较好。如果物体坠落感不明显，轻微振摇时才感觉有物体坠落，说明罐底可能有奶粉黏着，不宜选择这样的奶粉。

7. 看奶粉的颜色

奶粉买回来后，不要着急给宝宝冲泡，先拆开包装看看奶粉的颜色和性状。可将部分奶粉倒

● 正常奶粉的性状

在洁净的白纸上，摊匀，观察产品的颗粒、颜色和产品中有无杂质。质量好的奶粉颗粒均匀，无结块，颜色呈均匀一致的乳黄色，杂质量少，如果色深或带有焦黄色为次品。如果奶粉呈白色或面粉状，可能是掺入了淀粉类物质。

8. 闻奶粉的味道

打开包装，质量好的奶粉有轻淡乳香味。假奶粉乳香味差甚至无奶的味道，或有特殊香味。如果有腥味、霉味、酸味，说明奶粉已变质。

• 正常奶粉闻起来有淡淡的乳香味

9. 冲调后的性状

用冷开水冲泡奶粉，真奶粉需经搅拌才能溶解成乳白色浑浊液；掺假奶粉不经搅拌即能自动溶解或发生沉淀。如果用热水冲，真奶粉形成悬漂物上浮，刚开始搅拌时奶粉会黏在调羹上；掺假奶粉则溶解迅速。

4 步骤，冲出安全好奶粉

冲泡奶粉需要遵循一定的操作步骤、注意细节，以确保宝宝能喝得健康安全。不会冲奶粉的爸爸妈妈，可参照我们育婴师的步骤和方法来冲奶粉。

第1步：做好准备工作　先洗净双手，然后把已经消毒过的奶瓶、奶嘴用开水冲泡2分钟，清洗干净，晾干。同时烧一壶开水，把水凉置40℃左右。

第2步：倒一半水　把温开水注入奶瓶中，注入宝宝需要量的刻度就可以了。

第3步：加入奶粉　打开奶粉罐或奶粉袋，用包装里附带的量匙盛满奶粉，刮平，倒入奶瓶中。按照奶粉罐上标准的水量和奶粉量加奶粉。

第4步：摇晃奶瓶　把奶瓶盖套好，左右轻轻摇晃奶瓶，使奶粉充分溶解就可以喂宝宝了。

冲奶粉先放水还是先放奶粉？

先加奶粉后放水，奶的浓度稍高，而且不好溶解。

先放水后加奶粉，容易溶解，而且奶的浓度适中。

宝宝配方奶粉喂养次数

在我们育婴师的培训课堂上，专业的营养师和医生建议，奶量要跟宝宝的体重基本平衡。

奶量的计算公式： 一日奶量 = 100×[110× 体重（千克）]/86

在具体的工作中，我们一般很少计算，通常是参考奶粉包装袋上的量和次数来喂养，然后根据宝宝真正的食量来调节。

对于配方奶的量和次数安排，我们育婴师的建议是在按需喂养的基础上，按时给宝宝喂奶粉。通常刚出生的宝宝胃容量为 30~60 毫升，1~2 个月宝宝的胃容量是 90~150 毫升，水的排空时间是 1.5~2 小时，奶粉的排空时间是 3~4 小时，育婴师根据这一特点，这样安排宝宝的喂养：1~2 个月宝宝每天喂 6~7 次，每次 60~100 毫升，喂奶时间可安排在早上 6：00、9：00，中午 12：00，下午 3：00、6：00，晚上 10：00、12：00。

也有部分宝宝食量比较大，每次能吃 100~150 毫升，甚至更多。我们的育婴师建议，即使宝宝能吃，但在前面 2 个月，每次喂奶的量最好不超过 150 毫升，以免加重宝宝肾脏、肠胃的负担。如果宝宝吃了 150 毫升奶粉后好像还没有吃饱，可让宝宝喝 30 毫升左右的水。

使用奶瓶喂奶的正确方法

喂奶时，让宝宝的臀部和腿部靠在你的大腿上，一手扶着宝宝的后背，让宝宝的上半身抬起，与你的大腿部位至少呈 45°，另一只手拿着奶瓶，倾斜奶瓶使奶瓶和奶嘴都充满奶液，然后将奶嘴放入宝宝的嘴里，使奶瓶和宝宝的嘴呈 45° 左右。喂完奶之后，竖直

•用奶瓶喂奶，宝宝的上半身与你的大腿至少呈 45°。　•不要让宝宝平躺再喂奶，这样容易让奶流入耳管中。

抱起宝宝，让宝宝的脑袋靠在你肩膀上，然后轻轻拍嗝，让宝宝打嗝，把胃里多余的空气排出。

两顿奶中间给宝宝喂水防便秘

跟母乳相比，配方奶粉中的酪蛋白分子量大，不易消化，乳糖含量也比较少，这些都容易导致宝宝便秘。所以人工喂养的宝宝需要适量补充水分。育婴师建议，在两顿奶之间给宝宝喂 2 次水，每次喂 30~50 毫升，具体喝水量根据宝宝的需求来，如果他暂时不想喝就不要勉强。在宝宝发热、呕吐及腹泻的情况下，要适当增加水量。

正确进行混合喂养，让宝宝吃好消化好

母乳分泌不足，或者妈妈因为一些原因，在一段时间内不能进行母乳喂养时，就需要喂宝宝配方奶粉。这种母乳加配方奶粉的"混搭"方式就是混合喂养。

我们的育婴师在入户照顾宝宝时发现，进行混合喂养的宝宝，经常吃母乳吃着吃着就睡着了，但没过多久就醒来，哭闹着要吃奶，也有的宝宝比较抗拒奶粉。那么，如何正确、顺利地进行混合喂养呢？看我们的育婴师的"招数"。

制订大致的喂养计划

对于乳汁分泌不足，一次泌乳量宝宝吃不饱的情况，宜按需哺乳，只要宝宝饿了就让他吸吮，以促进乳汁分泌。在母乳不足的情况下，宝宝吃奶时需要用力吸吮，体力消耗大，可能没吃饱就睡着了，或者是吃完之后不停哭闹，这样每次喂奶量就不易掌握。所以母乳不足的妈妈每次喂宝宝吃母乳的时间最好不要超过 10 分钟，宝宝吃完母乳要至少间隔 30 分钟再给宝宝吃奶粉。

不少妈妈平时乳汁相对充足，但在下午时乳汁分泌减少，这时可以喂宝宝吃奶粉，等到夜间宝宝饿了再喂母乳。后半夜宝宝如果有吃奶的需求，最好是母乳喂养，因为夜奶的排空有利于新奶的分泌。

如果妈妈因为工作、外出等原因，不能在某个时间段喂宝宝，再加上乳汁分泌不足、不能提前挤出乳汁，就需要安排相对固定的时间来喂宝宝配方奶粉，其他时间则尽量保证母乳喂养，让宝宝一天至少吃 3 次母乳。

母乳量比较少时，会使宝宝吃奶的间隔缩短，让宝宝的肠胃总是在"工作"，得不到休息，这时需要调整喂养的方式，以喂奶粉为主，母乳喂养为辅。

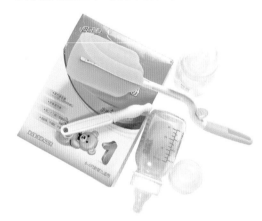

最好一次只喂一种奶

每次给宝宝喂奶，最好是一次只喂一种奶，吃母乳时这一顿都吃母乳，吃配方奶则这一顿都吃配方奶。如果母乳分泌不够宝宝吃一顿，需要再添加配方奶的，最好要间隔 30 分钟以上再喂，以避免宝宝对乳头产生错觉。

宝宝抗拒奶瓶的应对方法

在坚持一段时间的母乳喂养后，发现乳汁分泌不足，需要喂配方奶，宝宝通常会比较抗拒奶瓶。这时，你可以用育婴师的技巧让宝宝慢慢接受奶瓶。

1 用奶瓶给宝宝喂奶时，很多人习惯握住奶瓶的尾部喂。我们育婴师建议喂奶时，爸妈握住奶瓶的颈部，让自己的手轻轻抵在宝宝脸部。这样能让宝宝感受到你的爱抚，找到一定的安全感。

2 在用奶瓶喂奶前 2~3 小时，不要给宝宝喂奶，当他饿时自然而然就会接受奶瓶。

3 宝宝不喜欢奶瓶通常跟奶嘴的触感与妈妈的乳头不同有关，你需要尝试不同的奶嘴，柔软的乳头状的奶嘴最好，比其他样式的奶嘴更容易被宝宝接受。

4 用一根消毒过的针在奶嘴上戳一个较大的洞，使宝宝吃奶瓶时有母乳奶阵来临的感觉，宝宝觉得用奶瓶吃奶跟吃母乳差别不大时，就会慢慢接受奶瓶。

育婴师与你一起度过暂时性哺乳危机

之前凡凡妈妈的乳汁一直挺充足的，但这两天突然减少，宝宝也像没吃饱一样，刚吃了一会儿又闹着要吃。凡凡妈妈很疑惑：我的乳汁是不是不够了？需要加配方奶吗？

凡凡妈妈的这种情况属于"暂时性哺乳危机"。暂时性哺乳危机指本来乳汁分泌充足的妈妈在产后 2 周、6 周和 3 个月时，自觉乳汁突然减少，乳房没有奶胀感。这是哺乳期常见的现象，主要是宝宝体重迅速增加，需要的能量增多，而妈妈过于疲劳、紧张，或者饮食营养不足、喂奶次数减少、吸吮时间不够，以及月经恢复等原因造成的。对于这种情况，可用我们育婴师的方法解决。

◎如果乳汁量减少的情况持续好几天，宝宝吃完奶后哭闹，最好是给宝宝加 1~2 顿奶粉。

◎感觉累就休息，把照顾宝宝的任务交给家人。

◎保持好的心情，紧张和焦虑时可以适当听一些舒缓的音乐，让自己平静下来。

◎适当增加哺乳的次数，每次每侧乳房都要吸吮并排空，吸吮次数越多，乳汁分泌就越多。

◎宝宝生病暂时不能吸吮时，应将奶挤出，用奶瓶或杯、汤匙等喂宝宝；如果妈妈生病不能喂母乳，应按给宝宝哺乳的频率挤奶，保证病愈后能继续喂母乳。

◎月经期只是一过性乳汁减少，经期中可每天多喂 2 次奶，经期过后乳汁量通常能恢复到之前的水平。

特殊新生儿的喂养安排

早产儿：坚持母乳喂养

宝宝不足 37 周出生，胃肠道功能还没有发育成熟，很容易发生喂养困难。我们的育婴师结合医生的建议和自己的经验，提出需要注意的问题。

1. 坚持母乳喂养

早产宝宝出生后多由医护人员安排在保温箱中，6~12 小时开始喂糖水，24 小时开始喂母乳或奶粉。这时妈妈需要每 3 个小时左右挤一次乳汁，交给医护人员喂给宝宝。

宝宝出保温箱后，要尽早地跟宝宝接触，宝宝饿了就尝试喂奶。如果宝宝的吸吮能力弱，你可以先用毛巾热敷乳房 3~5 分钟，挤出一些乳汁使乳头变软，再刺激乳头使奶阵来临，方便宝宝吸吮。早产的宝宝吸吮能力弱，吃奶对于他来说是一件消耗体力的事情，经常会睡着，这时你可以抚摸他的耳朵弄醒他，让他吃完为止。

2. 控制好喂奶量

母乳喂养按需哺乳即可，但给早产的宝宝喂配方奶时，要注意控制好量。一般通过以下公式来计算出宝宝需要的奶量：

出生 10 天内早产儿每日哺乳量（毫升）=（宝宝出生实足天数 +10）×[体重（克）/100]

出生 10 天后每日哺乳量（毫升）=（1/5~1/4）× 体重（克）

由于每天测量体重比较烦琐，一般建议每天每次加奶 5~10 毫升，宝宝食量大的每次加奶不超过 20 毫升。

计算公式所得的奶量只是理论上的参考，妈妈应考虑到宝宝实际的食量以及消化吸收能力，适时调整奶量。

―――――― 育婴师教你如何观察宝宝的消化情况 ――――――

观察内容	消化良好	消化不良
腹部情况	腹部软，无胀气，肠鸣音正常	肠鸣音减弱或消失
大便性质	每天大便 3~4 次，宝宝大便呈淡黄色、糊糊状	大便较稀，次数超过 4 次，或呈蛋花样、稀水样，或者有未消化的白色奶瓣
尿量	每天 6 次以上	少于 6 次

双胞胎："左右开工"让每个宝宝都吃饱吃好

欢欢、乐乐是我们的育婴师照顾过的一对双胞胎。每次喂奶时，欢欢刚吃上，乐乐就哭闹表示"抗议"，让欢欢、乐乐的妈妈很是无奈。我们的育婴师想到一个好主意，就是"左右开工"，同时喂两个宝宝。

这个刚吃上，另一个又哭闹了，或者是两个宝宝同时哭闹，这让双胞胎妈妈很是烦恼。其实，你可以参考我们育婴师的方法——"左右开工"。操作起来并不难，你可以购买双胞胎哺乳环垫，喂奶时把它放在你的大腿上，然后把宝宝放在双胞胎哺乳环垫上喂奶。但如果喂奶时，另一个宝宝在熟睡，也不要勉强把他叫醒，等他醒后再喂奶也可以。

育婴师要特别提醒双胞胎的妈妈，要让宝宝轮流吸吮两边的乳房，例如早上 6 点时，A 宝宝吸左边，B 宝宝吸右边；下次喂奶时，则换 B 宝宝吸左边，A 宝宝吸右边。每个宝宝的吸吮力度不一样，轮流吸吮才能平衡，而且能预防宝宝对某一边乳房产生依赖。

如果给宝宝喂配方奶，要注意少量多餐，因为跟单胎相比，双胞胎的胃容量相对小，消化能力弱，容易溢奶、吐奶。一般双胞胎宝宝每天要喂 8~10 次，也有的要喂 12 次，每次 100 毫升左右。同时要注意观察宝宝的需求，如果宝宝吃完奶后仍然哭闹，或者吃完后睡眠时间不够 1 个小时，说明很可能奶量不够，需要酌情增加。

母乳不足喂养两个宝宝，这是双胞胎喂养最常见的问题。当遇到这样的问题时，新妈妈可参考我们育婴师提供的方法。

① 新妈妈加强营养，每天吃饱、吃好，并坚持早晚喝一杯牛奶，中午、晚餐喝 1~2 碗催乳汤（本书 P46~47）。

② 新妈妈每天坚持做乳房按摩（本书 P44~45），对促进乳汁分泌有帮助。

③ 进行混合喂养。有的新妈妈认为，母乳不够喂养两个宝宝，可以一个宝宝母乳喂养，另一个宝宝人工喂养。我们的育婴师不赞同采用这种喂养方式，因为这样另外一个宝宝就失去与妈妈亲密接触的机会，也失去获得母乳中免疫成分的机会。我们育婴师的建议是：两个宝宝都母乳喂养，每天根据母乳分泌情况和宝宝需求，增加 2 次左右的配方奶。配方奶添加的时间建议安排在下午 2~3 点，晚上 6~7 点。

新生儿黄疸：分清是生理性还是病理性

我们的育婴师在照顾新生宝宝时，经常被问："宝宝的皮肤怎么还这么黄？""黄疸什么时候能退？要不要去看医生？"新生儿出生后1周内出现的皮肤黄染现象，就是我们常说的新生儿黄疸。新生儿黄疸可能是生理性的，也有可能是病理性的，不同类型的黄疸，治疗和照护的方法也不一样。

生理性黄疸

育婴师解说 一般在宝宝出生2~3天，生理性黄疸开始出现，然后逐渐加深，到第4~6天时达到高峰，从第7天开始逐渐减轻。足月的新生宝宝通常在第7~14天逐渐消退，早产的宝宝多在出生后第20~21天消退。

育婴师观察 生理性黄疸的症状相对较轻，多出现在面部、上半身，宝宝的皮肤呈淡黄色。同时，宝宝的体温、食欲、大小便、生长发育等体征都正常，没有不适症状发生。

育婴师护理 给宝宝喂水，使胎便尽早排出，因为胎便中含有可使黄疸增高的胆红素。

病理性黄疸

育婴师解说 新生儿患有疾病，使身体里的胆红素出现异常，导致宝宝出现明显的黄疸，这种情况就是病理性黄疸。

育婴师观察 病理性黄疸一般在新生儿出生24小时内出现，程度较重，宝宝的脸部、四肢，甚至手心、脚心等部位的皮肤呈鲜亮的黄色；宝宝的尿液可染黄尿布，或大便呈陶土色；常伴有精神萎靡、吃奶不香、吸吮无力，甚至抽风等症状；超过2周未消退，或者消退后又再次出现。

育婴师护理 遵医嘱给宝宝用药，或配合医生进行光疗；注意保护宝宝皮肤、脐部及臀部，做好清洁工作，防止破损感染；宝宝不爱喝奶时，不要勉强，可少量多餐，避免让宝宝饿着或营养摄入不足。

母乳性黄疸

育婴师解说 母乳性黄疸与肠道重吸收胆红素有关，多发生在新生儿出生后4~7天，第2~4周达到高峰，一般在第2个月逐渐消退，少数到第3个月才消退。

育婴师观察 经检查排除病理性黄疸后，若黄疸期间停喂母乳3~4天，黄疸明显减轻，再喂母乳，黄疸加重，可诊断为母乳性黄疸。

育婴师护理 多给宝宝补充水分，促进黄疸的排出；如果宝宝身上、四肢出现黄疸，要暂停母乳喂养，改喂配方奶，等黄疸减轻或消退后再喂母乳。

尿布疹：保持干爽是王道

宝宝的皮肤很娇嫩，如果不及时换尿布或纸尿裤，会使宝宝的臀部总处于潮湿和尿便污染的环境里，很容易出现"红屁股"，也就是尿布疹。尿布疹重在预防，爸妈要及时给宝宝清理臀部，保持臀部干爽，具体方法可参考本书 P36 "臀部：清洁方法分男女"。如果出现了尿布疹，爸妈也不要着急，要冷静下来，正确、细心地护理。

屁股发红就是尿布疹？

经常使用纸尿裤的妈妈会发现，宝宝的肛门周围皮肤发红。这是尿布疹的前奏，如果不注意臀部的清洁护理，会慢慢长出红疹，然后出现鲜红色斑点、会阴部红肿，之后逐渐融合成一片片的红疹，严重的还可出现水疱、糜烂，如果合并细菌感染还会产生脓包。

3 步骤保护宝宝的小屁屁

如果宝宝只是臀部皮肤发红、长小疹子，爸妈在家按照以下步骤保护好宝宝的小屁屁，通常 3~4 天后症状会逐渐缓解。但若宝宝的臀部皮肤糜烂、脱皮或有脓包，伴有哭闹、睡觉不安稳、不爱吃奶等情况，要及时就医。

第1步：勤清洗宝宝的臀部

宝宝大小便后要及时更换尿布，用温水清洗宝宝的臀部，然后用干净柔软的毛巾吸干水分。

第2步：给宝宝的臀部"通风"

给宝宝清洗干净臀部后，别着急包尿布，先晾一晾，"通通风"，每次至少 5 分钟。

第3步：涂抹"防护层"

给宝宝的臀部"通风"之后，抹上护臀膏或医生开的药物，抹完之后晾一会儿，等皮肤表面的药膏被皮肤吸收后再裹上干净、柔软的尿布。

育婴师经验谈

当宝宝患有尿布疹，最好暂停使用纸尿裤。纸尿裤虽然很方便，但通常达到一定尿液后才更换，而这时纸尿裤表面比较潮湿，会让宝宝的臀部被"闷"在潮湿的环境里，容易加重尿布疹。

新生儿腹泻：一定要找出宝宝腹泻的真正原因

腹泻是新生儿常见的胃肠道问题，它有可能是生理性腹泻，也有可能是喂养不当、过敏、细菌感染等因素引起。我们的育婴师提醒各位爸妈，当宝宝腹泻时，一定要细心观察，找出他腹泻的原因，再对症照护，才能让宝宝尽快痊愈。

生理性腹泻

育婴师解说 有的宝宝出生后几天就开始腹泻，持续的时间比较长，有时 1~2 个月，有时长达半年。

育婴师观察 大便薄薄的，呈黄色或黄绿色，一天 2~3 次，多的有 4~5 次。虽然腹泻时间比较长，但宝宝精神良好，体重增长正常。

育婴师护理 及时给宝宝换尿布，保持臀部干净清爽；在两顿奶中间给宝宝喂水，预防宝宝脱水；提醒妈妈不要吃虾蟹类食物及各种生冷食物，这些食物的某些成分可通过乳汁进入宝宝的体内，加重腹泻。

喂养不当引起的腹泻

育婴师解说 给宝宝喂的奶粉过浓、奶粉不合适、奶液过凉等，都会导致腹泻。

育婴师观察 一天大便 4 次以上；大便常含泡沫，带有酸味或腐烂臭味，有时大便中夹杂黏液或白色奶瓣，有可能伴有呕吐、哭闹等症状。

育婴师护理 遵医嘱用药；应及时调整奶量，在腹泻的第 1~2 天减少奶量，或把奶液稀释为原来的 1/2~2/3，腹泻好转后再逐渐调整奶量至奶粉外包装上的标准。

蛋白质过敏引起的腹泻

育婴师解说 宝宝对奶粉中的蛋白质过敏也会导致腹泻，尤其是过敏体质的宝宝，更容易发生蛋白质过敏。

育婴师观察 一天大便 4 次以上；因过敏引起的腹泻，大便通常混有黏液，严重的还伴有血丝，同时还可能有湿疹、荨麻疹、气喘等症状发生。

育婴师护理 遵医嘱用药；给宝宝更换水解蛋白质奶粉；多给宝宝喝水，促进过敏物质的排泄；及时给宝宝更换尿布，预防尿布疹。

病毒或细菌感染引起的腹泻

育婴师解说 病毒或细菌感染是导致腹泻的主要原因，通常具有较强的传染性。在新生儿腹泻中，最具代表性的病毒或细菌感染是肠道轮状病毒感染和细菌性痢疾。

育婴师观察 肠道轮状病毒感染的宝宝，大便呈黄稀水样或蛋花汤样，量多，每天腹泻 5 次以上，没有脓血，但伴有呕吐、发热等症状。患有细菌性痢疾的宝宝，每天腹泻 5 次以上，腹泻前常有阵发性的腹痛，肚子里"咕噜"声增多，还常伴有发热、精神差、全身无力等症状。

育婴师护理　配合医生进行治疗；仔细清洗消毒宝宝的奶瓶、勺子、滴管、手帕、玩具等物品；让宝宝多喝水，以防脱水；腹泻严重的宝宝需要禁食6~12小时，使胃肠道得到适当的休息，中间可给宝宝补充葡萄糖和电解质溶液。

腹部着凉引起的腹泻

育婴师解说　宝宝睡觉时踢被子，或者蠕动身体时腹部裸露，使腹部受凉也容易导致腹泻。

育婴师观察　1天大便次数超过4次，呈稀烂状。

育婴师护理　给宝宝的腹部保暖，可以给他穿一件贴身的背心，然后把衣服的

下摆塞入裤子内；多让宝宝喝温开水；将双手搓热，覆盖在宝宝的肚脐上，反复进行，可温暖宝宝的腹部。

如果宝宝经过几天的治疗，每天大便的次数仍然超过5次，其中有3次是水样稀便，或者出现脓血、呕吐、发热超过38.5℃时，要及时告知医生，请医生重新诊断，更改治疗方案。

• 夏天天热也要给宝宝穿上衣服，避免让宝宝的腹部受凉。

聪明宝宝潜能开发

抚触：提高免疫力，增进母子情感

从新生儿阶段开始给宝宝做抚触按摩，宝宝不仅从妈妈的手中感受到爱意和安全感，还可增强宝宝的抗病能力，稳定宝宝的情绪，改善宝宝睡前或醒来哭闹的情况。以下是我们的育婴师长期使用的抚触方法，操作简单，安全有效，以供父母们参考。

抚触前的准备

准备一瓶婴儿润肤油，然后洗净双手，脱去首饰，修剪指甲，双手涂少许润肤油，搓热。

抚触的正确方法

1. 按摩头面部

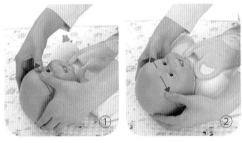

• 用两手拇指指腹从宝宝的眉弓部向太阳穴按摩（图①、②）。

 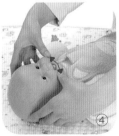

• 两手拇指从宝宝的下颌部中央向外上方按摩，让上下唇形成微笑状（图③、④）。

• 一手托住宝宝的头部，另一只手的指腹从宝宝的前额发际向上、向后按摩，至宝宝两耳后乳突（图⑤）。

2. 按摩胸部

• 两手分别从宝宝胸部的两侧肋下缘向对侧肩部按摩，按摩时要避开宝宝的乳头（图⑥、⑦）。

3. 按摩腹部

• 两手依次从宝宝的右下腹至上腹向左下腹，呈顺时针方向按摩（图⑧）。

4. 按摩四肢

- 两手交替抓住宝宝的一侧上肢，从腋窝至手腕轻轻滑动并按捏。用同样的方法按摩另一只手及下肢（图①、②）。

5. 按摩手脚

- 拇指和食指分开，握住宝宝的左手，从左手掌面向手指抚摸。用同样方法按摩宝宝的右手（图③）。

- 握住宝宝的左脚脚后跟，用拇指从脚后跟向脚趾方向抚摸。用同样的方法按摩宝宝的右脚（图④）。

- 用拇指、食指轻轻揉搓宝宝的每个手指、脚趾（图⑤）。

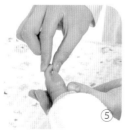

6. 按摩后背和臀部

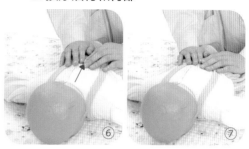

- 让宝宝呈俯卧位，双手手掌分别由颈部开始向下按摩至臀部（图⑥、⑦）。

- 双手四指并拢，以脊柱为中心，由脊柱两侧水平向外按摩至骶尾部（图⑧）。

抬头操：锻炼颈背肌肉，维持神经反射功能

宝宝天生就有抬头的反射，如果不进行锻炼，再过十来天后他的这种反射本能就会消失。我们要利用好他与生俱来的这一能力，适当练习，既能锻炼他的颈背肌肉，还能让宝宝保持这种神经反射功能，对宝宝的生长发育很有益处。

在宝宝吃奶前，让他俯卧在床上，做俯卧抬头操，让宝宝放松背部肌肉，感到舒适愉快。具体做法如下：

1 让宝宝俯卧在床上，手肘弯曲放在身体两侧，妈妈扶住宝宝的手肘向宝宝身体下方轻轻移动，数"1、2"同时将宝宝的双手移动到他的胸下。

2 数"3、4、5、6"，轻托宝宝的手肘，使宝宝上半身抬起，头也逐渐抬起。

3 双手手臂向前轻轻托住宝宝的肩膀，帮助他慢慢俯卧下来。

重复以上练习，每天2次。

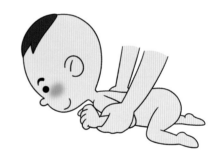

 育婴师经验谈

如果练习时宝宝不抬头，爸妈也不要心急，可以把他竖抱起来，一手扶住他的头颈5~10秒，等他适应竖抱的姿势后，轻轻撤走扶住他头颈的手3秒钟，然后再扶住。一天练习3~5次，也能起到锻炼宝宝抬头的作用。

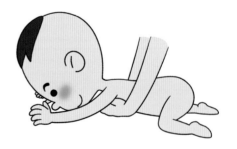

第二章

2~3个月宝宝⋯⋯
可以带宝宝外出了

- 宝宝的头发宜理不宜剃
- 注意观察宝宝大小便需求和尿便性状
- 带宝宝外出，要备齐装备、注意季节
- 母乳仍然是宝宝的最佳食品
- 用对方法，公共场合喂奶不尴尬
- 职场妈妈开始做「背奶」准备
- 巧妙防治鹅口疮、婴儿湿疹、黄昏哭吵

⋯⋯

宝宝成长测试

母乳喂养 2~3 月龄宝宝体格发育参考

性别	月龄	体重（千克）[1]	身长（厘米）	头围（厘米）	体质指数
男宝宝	2 月	5.57 ± 0.12	58.4 ± 2.0	39.7 ± 1.3	16.3 ± 1.4
	3 月	6.38 ± 0.12	61.4 ± 2.0	41.2 ± 1.4	16.9 ± 1.45
女宝宝	2 月	5.13 ± 0.13	57.1 ± 2.0	38.2 ± 1.2	15.8 ± 1.5
	3 月	5.58 ± 0.13	58.8 ± 2.1	40.2 ± 1.3	16.4 ± 1.5

2~3 月宝宝智能发展

领域能力	2 月	3 月
大动作能力	• 俯卧时可抬头至头部与床面垂直 • 从仰卧翻身到侧卧 • 扶住宝宝的双腋立在桌面上，有支撑感	• 俯卧时前臂能撑起 • 俯卧时抬头离开床面并四处张望 • 能从仰卧位自动翻转成侧卧
精细动作能力	• 玩自己的手或吃手 • 看自己的手	• 开始伸手抓握东西，一次最久能抓握 30 秒 • 两手抓握玩具时能放在胸前
语言能力	• 会通过哭声呼唤人或要东西 • 无意识地发出 a、o、e 等单个元音	• 别人说话时，开始用发声的方式回应 • 尝试模仿语音的现象时有发生
认知能力	• 对经常出现在身边的面孔开始有了印象与记忆 • 有目的地看东西，能够按照物体不同的距离来对焦	• 在喝奶时听到了熟悉的声音，会停下来仔细辨别 • 对移动的物体进行追踪，对黑白色块感兴趣
情感与社交能力	• 逗引或看到熟悉的面孔时微笑 • 产生快乐、恐惧、愤怒等情绪	• 对新鲜的人和声音充满好奇 • 对不愉快的刺激会转开脸 • 用发声或哭声引起注意

[1] 根据 2006 年世界卫生组织推荐的母乳喂养《5 岁以下儿童体重和身高评价标准》为参照，宝宝的体重计算公式为：1~6 月婴儿体重（kg）= 出生体重（kg）+（月龄 +1）×0.7

以 2005 年中国九城市 7 岁以下不确定喂养方式儿童体格发育调研测值为参照值，宝宝的体重计算公式为：1~6 月婴儿体重（kg）= 出生体重（kg）+（月龄 +1）×0.9

宝宝的头发宜理不宜剃

传统的育儿观念认为，宝宝满月时一定要剃"满月头"，而且要经常剃头，这样宝宝的头发才会越长越浓密。我们育婴师的实践经验提醒各位爸妈，头发的作用很多，宜理不宜剃。

我们的育婴师向医生咨询，并查阅了相关医学资料，发现头发有保护宝宝头皮的作用，另外宝宝皮肤薄嫩，抵抗力弱，剃刮容易损伤皮肤，引起感染。所以宝宝的头发宜理不宜剃。

剪头发要分季节

夏天气温高，宝宝出汗多，爱抓挠，还容易长湿疹。如果宝宝的头发长了，就要剪短，但至少要保留 3~5 毫米长度的头发，保留它保护头皮的功能。

冬天天冷，只需要把耳朵、脖子、额头等地方比较长的头发剪短就可以了，因为头发有一定的防寒作用。

育婴师教你给宝宝理头发

我们的育婴师不建议带小宝宝出去理发，因为理发师是否有给宝宝理发的经验、理发工具是否经过严格的消毒等都无从得知。爸妈可以买专门的宝宝理发器，自己给宝宝理发。

给宝宝理发的步骤

第1步：清洁消毒

将双手清洗干净，然后用酒精棉擦理发器的刀头。

第2步：准备工作

准备极软的毛刷和理发布 2 条。理发布一条围在宝宝的身上，一条铺在宝宝的脑袋下方。3 个月内的宝宝头部竖直的时间不宜过久，建议趁宝宝睡着时理发。3 个月以上宝宝的头部能挺立较长时间了，可在宝宝醒着时理发。

第3步：开始理发

一手扶住宝宝的头部，另一手拿着理发器，按照"前额→两边→后脑"的顺序理发。在宝宝醒着时理发，需要两人配合，一个人抱着宝宝，理前额和两边时让宝宝仰面斜躺在怀里，理后脑部位时，可让宝宝趴在抱宝宝人的大腿上并扶稳，理发的方法和顺序同上。

第4步：清理工作

理发后用极软的毛刷将碎发扫掉，然后去掉理发布，用温水给宝宝洗头，擦干就可以了。

从尿、便观察宝宝的健康状况

随着月龄的增长，宝宝的大小便比新生儿期有了一定的规律性。这时，爸妈需要了解宝宝大小便需求，观察大小便的性状，以便尽早发现异常。

观察宝宝的大小便需求

2~3个月的宝宝，一般每天大便2~3次，到3个月末每天大便1~2次。小便次数10次以上，如果宝宝食量大、喝水多，小便的次数和量也多。

当宝宝发出大便的需求时，通常会出现腹部鼓劲、脸发红、手抓握用力等现象。宝宝要排尿时，常出现紧张、突然停顿或者轻哼的现象。这时可以试着给宝宝把便、把尿，方法为：让宝宝的头和背部靠在妈妈的胸腹，注意身体不要挺直，两手扶住宝宝的腿弯，让宝宝的臀部对着尿盆，同时用"嗯嗯"声诱导宝宝大便，或者用"嘘嘘"声刺激宝宝小便。

宝宝的头、背部靠在妈妈的胸腹上，注意不要挺直身体，容易影响到宝宝的脊柱。

手臂托住宝宝的腿弯。

观察宝宝的尿便性状

排泄物的性状是观察宝宝健康情况的窗口，所以给宝宝把尿、把便之后，低头看一看很有必要。

宝宝大小便中的健康密码

分类	正常	异常
大便	• 呈黄色或淡黄色，稀糊糊的软便 • 有时放屁带出点大便，或偶尔颜色发绿，或夹杂少量奶瓣，若宝宝精神好、吃奶香，说明问题不大，密切观察即可	如水样便、蛋花样便、脓血便、白色便、柏油便等，说明宝宝可能消化不良或患有肠道疾病
小便	无色透明或浅黄色，有时尿液发黄，可能是饮水不足引起，多给宝宝喂水，一般尿液能得到稀释，颜色变浅	如果尿液呈浓茶色、粉红色，伴有发热、排尿时哭闹、排尿次数增加、吃奶不香、精神差等症状，有可能是泌尿系统感染

可以带宝宝出门啦

宝宝满月之后，身体抵抗力提升了一个档次，爸妈可以经常带他出去晒太阳啦！育婴师提醒各位爸妈，带宝宝出门，要装备齐全，事事以宝宝的安全和舒适为重。

带宝宝外出的必备装备

带宝宝外出，你至少需要准备两大件——婴儿车、妈咪包。

经常检查婴儿车的安全性

有一辆婴儿车，会使得你和宝宝的出行变得轻松方便。在出门前，一定要确认婴儿车的安全性能：在平地上推婴儿车，看是否平衡，如果有倾斜，看看是否是螺丝没有弄好；检查婴儿车其他地方的螺丝、弹簧等是否处于安全位置，是否有松动；检查安全带是否牢固，是否有脱线的情况等。

推婴儿车外出时，要把婴儿车放平，垫上厚薄适中的小褥子，让宝宝躺上，并系好安全带。当婴儿车停在某个地方时，要将刹车拉上。不要在车上挂提包或其他物品，以免将车弄翻。

3 种婴儿车优缺点 PK

婴儿车种类	适用年龄	优点	缺点
不可折叠的婴儿车	0~2 岁	• 空间比较大，宝宝躺、坐都很舒服 • 前后调节，可以让宝宝面对着自己 • 遮阳、挡风效果都不错	• 放置时需要占用比较宽阔的空间 • 乘坐公交车时上下车不方便
可折平的婴儿车	出生后 3 个月以上	• 比较轻便，容易操作，使用起来比较方便 • 坚硬的椅背可以更好地支撑宝宝	• 不能平躺，只能坐着 • 挡风效果不好
可折成伞状的婴儿车	6 个月以上的宝宝	• 可以将车整齐地折叠好，乘坐公交车时很方便 • 储存空间比较小，不需要占用大的空间 • 零部件少，通风，适合夏天使用	• 只能坐着，不能平躺 • 只能朝前，不能向后调节 • 椅背太软，不适合 6 个月以内的宝宝使用 • 没有挡风效果，天冷时不适合使用

需要装包的物品

带宝宝出门，需要带上不少东西，所以你需要准备一款内层分隔设计合理、外表时尚的妈咪包。每次出门前，将需要带的东西分门别类，拿取物品时也很方便。

妈咪包常见的款式有单肩背、双肩背、斜挎包和手提包。短时间户外活动，不需要在外给宝宝冲调奶粉的，可以选单肩背或斜挎包。出行时间比较久、带的东西比较多时，宜选择双肩背。有家人陪同时，可以选择手提包。

开车带宝宝外出的安全问题

开车带宝宝外出，最好是一人开车，一人照顾宝宝。同时，一定要把宝宝安放在安全座椅里。在宝宝还没有学会自己独立坐起来之前，宜选择可以躺着的婴儿安全提篮；宝宝会坐之后，再选择幼儿安全座椅。安全座椅应安装在后排座椅上。育婴师提醒所有爸妈，汽车正在行驶时，不要把宝宝抱在手里或膝盖上，以免突然刹车而发生意外。

如果妈妈一个人开车带宝宝外出，最好在挡风玻璃上安装一面镜子，从镜子里观察宝宝的情况，以免总想回头看宝宝。另外，还要锁定车门及车窗的中控锁。

冬天带宝宝外出，防寒保暖是重点

在寒冷的冬季，带宝宝外出时，要给宝宝盖上小被子或裹上披风。同时，宜在中午 12 点～下午 2 点阳光温暖时带宝宝出去晒 20~30 分钟的太阳。但是，如果气温低于 4℃，要缩短宝宝在外面的时间，风大时尽量避免带宝宝外出。回到家后先别着急给宝宝脱掉厚衣服，应先等宝宝的小手变暖再脱。如果宝宝在外面待的时间比较长，应注意监测宝宝的体温，如果低于 35℃，要立即送宝宝到医院检查。

夏天带宝宝外出，补水防暑是关键

夏天带宝宝外出时一定要注意防暑。宜选阳光相对温和的上午 8~9 点或傍晚 5 点左右带宝宝外出，在外活动 30 分钟 ~1 小时后回家。在外面时，时不时给宝宝喝水，以免宝宝因为出汗过多而引起脱水。还要经常给宝宝擦汗，保持皮肤干爽，预防痱子。回到家后，别着急开电风扇或空调，应将宝宝的汗水擦干，用温水擦身或洗个温水澡，如果宝宝还觉得热，再考虑开电风扇或空调。

宝宝最佳喂养方案

第 2~3 个月宝宝的喂养安排

对于 2~3 个月的宝宝来说，最佳的营养来源还是母乳，母乳中的营养成分比例是最适合宝宝的，所以我们的育婴师建议妈妈们最好仍坚持母乳喂养。

母乳仍是宝宝的最佳食品

母乳充足的妈妈，可每 3 小时哺乳 1 次，每天喂 7 次。哺乳的时间可安排在每天的上午 6 点、9 点，中午 12 点，下午 3 点、6 点，晚上 9 点，以及凌晨 12 点。如果后半夜宝宝醒来要吃奶，妈妈喂完奶后轻拍宝宝，让他尽快入睡，不要跟他说话或玩游戏，以让宝宝慢慢形成夜间只吃奶不玩耍的规律。

母乳不足的妈妈，一般需要在下午 4~6 点给宝宝喂 1 次奶粉，或者在晚上 9 点给宝宝喂 1 次奶粉。

配方奶粉的喂养方案

从第 2 个月开始，爸妈要尽量在固定的时间给宝宝喂奶粉，一天 6~7 次，每次 100~150 毫升。建议把喂奶的时间固定在上午 6 点、9 点，中午 12 点，下午 3 点、6 点，晚上 9 点。

到第 3 个月，宝宝的奶量开始增加，每天需要喂奶 5~6 次，每次 100~150 毫升。喂奶的时间与第 2 个月一样，尽量固定化。

因为每个宝宝的胃口、作息时间不一样，爸妈应根据宝宝的需要以及生活特点进行合理的喂养，本书提供的奶量、喂奶次数、喂奶时间只是我们育婴师在育儿工作中的经验，仅作为参考，不要照搬，应灵活调整。

调整好夜间喂奶的时间

从第 2 个月开始，妈妈可以有意识地延长夜间喂奶的间隔，培养宝宝一觉睡到天亮的习惯。例如把晚上 9 点左右的这顿奶顺延到 11 点，宝宝吃过这顿奶后，一般要到早晨 5~6 点才会醒来再吃奶。

刚开始时，宝宝也许不习惯，到吃奶时间就醒来。妈妈应改变过去一看到宝宝动弹就急忙喂奶的习惯，不妨先看看宝宝的表现，等他闹上一段时间，看是否会重新入睡。如果宝宝大有吃不到奶就不睡的势头，可喂些温开水试试，说不定能让宝宝重新睡去。如果宝宝不能接受，那就只得喂奶了，等过一阵子再试试。

避免尴尬，公共场合哺乳攻略

身处公共场所，宝宝饿了需要吃奶，是不是觉得很尴尬？我们的育婴师有一些小技巧，能帮助你避免尴尬。

1 尽可能与家人或好友结伴同行，这样喂奶时可以请同行的人帮忙打掩护、放哨。

2 在很多大型商场、机场、主题游乐园，都设有母婴室，供哺乳、换尿布使用，你可以到母婴室里给宝宝喂奶。如果没有母婴室，你可以回到自家车里喂奶，但要注意车内的温度。若是乘坐公共交通工具前往，可以到安全通道或楼梯间等人员走动少的地方喂奶，喂奶前让家人用衣服帮你打掩护。

3 如果正在餐厅用餐，你可以请服务员帮忙找一个空闲的包间。如果没有，可以让家人把椅子搬到一个角落，在椅背上搭衣服做掩护，或者让丈夫围住你挡住别人的视线，然后背过身喂奶。

4 可以借助一些装备遮挡。例如穿合适的哺乳衣，能帮助你在人多的地方大方哺乳而少露肌肤，如果再给宝宝戴上一顶宽檐帽，宝宝吸奶时一挡，即使在公共场合哺乳，也不会感觉尴尬；出门时带上哺乳斗篷，宝宝要吃奶时穿上，能很好地遮挡住隐私部位；在肩上披纱巾或披肩作为宝宝的"帐篷"，但要避免堵住宝宝的鼻子；用背带把宝宝背在身上，背带的遮挡能为哺乳提供隐私空间等。

5 出门前喂奶，或者在人少、地点方便时就及时喂宝宝，不要等到宝宝大哭时才喂，这样反而更容易引起人们的注意。

育婴师经验谈

　　带宝宝外出，在公共场合哺乳的问题很难避免。我们建议所有的新妈妈都自制一张喂奶场所"地图"，把购物、乘车、游玩等场所中对母乳喂养有利的"隐蔽场所"进行分析和整理，当宝宝有"吃饭"需求时，及时到这些地方哺乳，就能避免尴尬了。
　　如果实在不得已需要在人流比较多的地方喂奶，妈妈也不要觉得尴尬，哺乳是正常现象。这时，可以用半弯腰的姿势，加上用手、衣服遮挡，为自己和宝宝构建一个相对隐秘的空间。

职场妈妈的母乳喂养攻略

很多妈妈产后重回职场，都有可能面临这样的烦恼：之前一直坚持母乳喂养，宝宝对奶瓶、奶粉都很排斥，担心上班了宝宝饿着。对于这个问题，我们育婴师有一个提议——做一个"背奶族"！背奶，顾名思义，是把自个儿的奶水背在肩上，上班时间将母乳挤进奶瓶，下班后带回家，喂养宝宝。要做一个"背奶族"，你需要了解下面这些内容。

背奶 4 步走

第 1 步：备齐用品

背奶你需要准备这些物品：吸奶器、母乳保温桶、母乳保鲜袋（或瓶）、防溢乳垫等。

育婴师提示

母乳保鲜袋最好选适宜冷冻、密封良好的塑料制品，其次为玻璃制品。忌用金属制品。

• 温奶器

第 2 步：吸奶

上班时，如果感觉涨奶了就把乳汁吸出来，或者每隔 3~4 个小时吸一次。你需要找一个空闲的办公室或者会议室，提前跟同事打好招呼，也可以请同事帮忙防风，然后彻底清洁双手，用干净的纱布或毛巾把乳房擦拭干净，挤出一些乳汁，清洁滋润一下乳头，再继续把乳汁吸出来。

第 3 步：储存

把装有乳汁的保鲜袋放在冰箱里存放，下班时带回家即可。如果单位没有冰箱，可提前在家里把蓝冰冷冻，上班前放入母乳保温桶里，工作期间吸出乳汁后放入保温桶中保存，一般能保存 10 个小时。

第 4 步：温奶

回家后，把乳汁拿出，放入奶瓶中，然后用温奶器温奶，再喂给宝宝。或者是放入冷藏室冷冻，需要时再拿出，用冷水冲洗保鲜袋快速解冻，再用温奶器温奶。

育婴师提示 解冻后的母乳不能再次冷冻。

母乳能保存多久

不同温度下，母乳保存的时间不一样。

温度 （单位：℃）	保存时间
0 以下	经常开门拿东西，可保存 3~4 个月；如果不经常开门，可保存 6 个月以上
0~4	8 天
15	24 小时
19~22	10 小时
25	6 小时

母乳储存的技巧

育婴师提醒各位妈妈，在储存母乳时要注意以下几点。

1 **写清时间**：在母乳保鲜袋外的标签上写好挤奶的日期和时间，清楚知道母乳保存的期限，避免给宝宝吃过期的母乳。

2 **分装成小份**：为了方便家人根据宝宝的食量喂食，避免浪费，可以将母乳分成小份（60~120 毫升）冷冻或冷藏。

3 **别装得太满**：不要装得太满或盖得太紧，留点空隙，以防容器冷冻结冰而胀破。

给自己和宝宝一个提前适应的过程

在产假结束前 1~2 周，妈妈需要给宝宝调整哺乳的时间和方法，让他有一个适应的过程。你可以尝试着把挤出来的奶放在奶瓶里喂宝宝，让他逐渐适应用奶瓶吃奶。

对于自己，尝试每隔 3 个小时挤一次奶。突然上班，每隔一段时间就要挤一次奶，可能不适应，也有可能出现吸奶器使用不当而造成乳头受伤的情况，所以提前尝试挤奶很有必要。

工作地点离家近可以亲自喂奶

如果工作地点离家比较近，可上班前喂饱，10 点左右挤一次奶，中午 12 点回家喂 1 次，下午 3~4 点挤一次奶，下班后喂 1 次，加上夜奶，基本就能满足宝宝需要。不用怕路上的时间不够，因为你有哺乳假！

《女职工劳动保护规定》第九条规定：有不满一周岁婴儿的女职工，其所在单位应当在每班劳动时间内给予其两次哺乳（含人工喂养）时间，每次三十分钟。多胞胎生育的，每多哺乳一个婴儿，每次哺乳时间增加三十分钟。女职工每班劳动时间内的两次哺乳时间，可以合并使用。哺乳时间和在本单位内哺乳往返途中的时间，算作劳动时间。

鹅口疮：保持口腔清洁很关键

　　3个月大的云云一向是个乖宝宝，但这两天云云妈妈喂奶时，云云总是哭闹，不愿意吃奶。我们的育婴师洗干净双手，分开云云的嘴巴，发现云云口腔两侧和舌头黏膜上有一些白色的斑点，再想想培训时医生的课件，觉得云云可能是长鹅口疮了，就和云云妈妈赶紧到医院检查。经过检查，原来云云真的长了鹅口疮。

　　鹅口疮也叫"白口糊""雪口病"，是由白色念珠菌感染引起的，是1岁以内宝宝比较常见的一种口腔炎症。我们的育婴师提醒各位爸妈，鹅口疮重在预防，关键是做好宝宝口腔的清洁卫生。

认识鹅口疮

　　鹅口疮发生时，起初是口腔、舌头黏膜表面覆盖白色乳凝块样小点，随后逐渐融合成白色斑片，接着几个小片融合成大片，伴有灼热刺痛感，也有的宝宝出现低热、烦躁不安、哭闹、不爱吃奶的表现。鹅口疮如果不及时处理，很容易蔓延到牙龈、咽喉等部位。

从卫生习惯上找原因

　　鹅口疮的发生，多与不良的卫生习惯有关。爸爸妈妈平时需要自测，看是否有以下不良的卫生习惯。

　　◎妈妈喂奶前没有清洁乳头。

　　◎没有做任何防护措施，直接用手指触摸宝宝的口腔。

　　◎宝宝的毛巾、玩具、奶瓶、奶嘴、勺子等用品没有做到及时地清洁和消毒。

　　◎宝宝喝完奶后没有做口腔清洁工作。如果有以上不良的卫生习惯，一定要纠正。

● 宝宝的喂奶器具要及时清洗。

育婴师教你如何给宝宝上药

　　当宝宝出现鹅口疮时，爸爸妈妈要及时带他就医，然后遵医嘱用药。

　　涂药的时间：建议在宝宝吃完奶30分钟~1小时后涂抹药物。避免在宝宝吃完奶后立即涂药，因为棉签进入宝宝的口腔，若不注意，很容易对宝宝的喉咙造成刺激，引起吐奶。擦拭药物的方法为：双手洗净，先给宝宝喂少量温开水清洁口腔，然后一手轻轻握住宝宝的腮部，让宝宝把嘴张开，另一手用棉签蘸取药物，轻轻涂抹患处。涂抹药物后注意：不要立即给宝宝喂奶或喂水，以免药物还没有起效就被吞进肚子里。建议涂药后1小时再喂奶喂水。

一般鹅口疮在用药几天后病症就会消失，但特别容易反复发作，所以在病症消失后爸爸妈妈仍然需要继续用药几天，以巩固疗效，减少复发的机会。

如果宝宝有发热的症状，爸爸妈妈要定时给宝宝测体温，体温在38.5℃以下，可擦温水澡降温。若体温超过38.5℃，应遵医嘱给宝宝喂药。

鹅口疮日常防护4步曲

不论是否发生鹅口疮，平时都要注意宝宝的口腔卫生。以下是育婴师总结出来的鹅口疮护理方法。

鹅口疮还是奶块

宝宝吃奶后，口腔内会残留奶液，如果没有及时清洁，会形成奶块，看起来跟鹅口疮很像。怎么区分开来呢？我们育婴师的方法是：将棉签蘸湿，轻轻擦拭，如果白色块状物消除，说明是奶块；如果不容易擦掉，或者擦掉后有红色创口，说明宝宝患了鹅口疮。

第1步：吃得卫生

如果是母乳喂养，妈妈在喂奶前应用温水清洗乳房、乳晕、乳头，并且要经常洗澡、更换内衣。若是人工喂养，宝宝的奶瓶、奶嘴、毛巾、勺子等用具要及时清洗、消毒。

第2步：清洁口腔

每次喂完奶后，都要给宝宝喂少量温开水，帮助宝宝清洁口腔。如果宝宝口腔里有残留的奶块，可将棉签蘸湿，然后轻轻擦掉。

第3步：减少细菌

大人、宝宝的手上或多或少都带有细菌，所以爸爸妈妈要避免直接将手伸入宝宝口腔里。还要经常给宝宝洗手，如果宝宝吃手，可用玩具转移宝宝的注意力，减少他吃手的时间和次数。此外，还要定期清洗、消毒，牙胶等宝宝经常放进嘴里啃咬的玩具，要每天清洗、消毒。

第4步：多给宝宝喂水

注意多给宝宝饮水，这样有利于将病菌排出体外，促进鹅口疮痊愈。

婴儿湿疹：闹心的皮肤过敏性疾病

我们的育婴师曾经照顾过的一个小宝宝诗诗，从 2 个月开始长湿疹，诗诗妈妈尝试了好几种药膏，效果时好时坏。后来，我们育婴师观察发现，诗诗妈妈爱吃虾，吃完虾的第二天喂奶，诗诗的湿疹就会变得严重一些。在带诗诗去医院时，育婴师把她的发现告诉了医生，医生综合各种检查诊断，原来诗诗是皮肤过敏引起的湿疹，跟诗诗妈妈吃虾有关。医生给诗诗开了一些外用的药，还让诗诗妈妈暂停吃虾，几天之后诗诗的脸上湿疹消退了，变得光滑圆润起来。

婴儿湿疹是一种过敏反应，多发生在 1~3 个月宝宝身上，一般 6 个月后逐渐减轻，1~2 岁后大多数能逐渐自愈。婴儿湿疹的发生，多由宝宝对吃入的食物或接触的物品产生过敏所致。当宝宝出现湿疹时，不要着急，在保持皮肤清洁干爽的同时，查找原因，必要时到医院检查，然后对症用药。

湿疹的类型与主要症状

婴儿湿疹常见的类型有 3 种——渗出型湿疹、脂溢型湿疹和干燥型湿疹，爸爸妈妈要了解它们的主要症状，以便做出准确的判断，避免用药不对症的情况发生。

类型	高发人群	主要症状
渗出型湿疹	较为肥胖的宝宝	● 刚开始时脸颊出现红斑，随后红斑上长出针尖大小的水疱，并有渗液。渗液干燥后形成黄色的痂，抓挠、摩擦使部分痂剥脱，可出现有大量渗液的鲜红糜烂面 ● 如果不及时处理，可能整个脸部、头皮都会长湿疹；继发感染时还可出现脓包，甚至发热、腹泻等不适
脂溢型湿疹	3 个月以内的宝宝	特点与渗出型湿疹类似，不同之处在于湿疹经常发生在头皮、耳后等皮脂腺发达的部位，渗液结痂后可产生黄色的厚痂，看起来油乎乎的
干燥型湿疹	较瘦弱的宝宝	● 脸部、额头等部位出现淡红色的红斑、丘疹，皮肤干燥，没有水疱、渗液，表面有灰白色糠状鳞屑 ● 病情严重时，胸腹、后背、四肢等部位的皮肤也有可能出现湿疹

当然，湿疹的分型并不是绝对的，有的时候单独存在，也有的是多种湿疹同时发生。

湿疹的日常护理要点

1. 遵医嘱用药

宝宝患有湿疹时，爸爸妈妈应带宝宝到医院检查，诊断湿疹的类型和病情，让医生开药膏，切勿自己到药店购买。在家给宝宝涂抹药膏的方法为：先将长湿疹的部位用温水清洗干净，用纱布或毛巾吸干水分，然后涂抹药膏。

2. 避免过敏原

哺乳期妈妈吃容易引起过敏的食物，可能诱发或加重宝宝长湿疹，如前文提到的诗诗妈妈吃了虾之后诗诗的湿疹加重，所以妈妈的饮食要格外注意，少吃或不吃虾、螃蟹、蚕豆等容易致敏的食物。

人工喂养的宝宝如果对奶粉中的蛋白质过敏，爸爸妈妈应把普通奶粉换成水解蛋白奶粉。

花粉、尘螨、动物的毛发也有可能导致过敏，宝宝皮肤娇嫩，要避免让宝宝接触这些东西。

3. 正确洗澡

传统的育儿观念认为，宝宝长湿疹洗澡时容易感染。其实，如果宝宝的皮肤不清洁，反而会使湿疹加重或反复发作，所以即使宝宝长了湿疹，也应洗脸、洗澡。

• 宝宝长湿疹期间也应洗澡，因为汗液的刺激会加重湿疹。

但是，在给宝宝洗脸、洗澡时，宜用温水轻轻擦洗，少用沐浴乳，忌用碱性的肥皂，以免对皮肤造成刺激。洗完澡后，要用干净柔软的毛巾给宝宝擦拭身体，然后在湿疹部位涂抹医生开的药膏，其他好的地方要涂上护肤乳液，防止因干燥瘙痒而抓挠。

4. 正确喂养

消化不良可加重湿疹，所以以人工喂养为主的宝宝，爸爸妈妈不要把宝宝喂得过饱。一般宝宝吃奶时觉得饱了，吃奶的速度会慢下来，磨磨蹭蹭地几分钟才吃一两口，或者是把奶嘴吐出来，说明宝宝已经吃饱了。

5. 防止宝宝抓挠

湿疹反复发作或者加重，跟宝宝抓挠有很大的关系，所以在宝宝发生湿疹期间，爸妈要"看"好宝宝，防止他抓挠。爸爸妈妈要定期给宝宝修剪指甲，可用软布松松地包裹住宝宝的双手，但要勤观察，防止线头缠绕手指。

6. 注意家居环境

要注意调整房间里的温度和湿度，避免过于闷热让宝宝出汗，或者室内过于干燥使宝宝皮肤缺水，这些都可加重湿疹。夏天天热时，可适当开空调调节室温，但要避免让宝宝对着出风口吹冷风。冬天时室内如果使用暖气，育婴师建议爸妈们装上加湿器或放上一盆水，以维持室内的湿度，避免过于干燥。

处理湿疹部位的正确方法

① 湿疹部位结痂后，可涂上鱼肝油使结痂软化慢慢脱落。不要硬性揭下痂皮，这样会使宝宝皮肤受伤。

② 用药后，宝宝长湿疹的部位皮肤损伤消失，但仍然需要继续用药进行巩固治疗，降低复发概率，所以爸爸妈妈要记住宝宝长湿疹的部位。看不到皮肤损伤就停药，复发的可能性很大。

③ 宝宝外耳道长湿疹时，应先拿小棉签蘸温水擦拭干净，用新的棉签吸干水分，再涂抹药膏。

痱子与婴儿湿疹的区别

1. 痱子多发于夏天，湿疹一年四季都可发。

2. 1岁以上的宝宝是痱子的高发人群，1~3个月是婴儿湿疹高发期。

3. 痱子初起时，皮肤发红，然后出现针头大小的红色丘疹或丘疱疹，密集成片，其中有些丘疹呈脓性。湿疹则是脸颊、前额、眉弓、耳后等部位出现丘疹、皮疹或疱疹，或伴有渗出液，或有灰白色皮屑，干燥后形成灰色或黄色结痂。

育婴师经验谈

湿疹发病期间，宝宝需要暂停预防接种，要等湿疹完全消除后再接种疫苗。

黄昏哭吵：可能是宝宝的自我适应

育婴师在照顾宝宝时，发现了一个"奇怪"的现象，就是部分宝宝每到傍晚时会哭一会儿，一过了这个时间段又变得乖乖的。去医院检查，也没有发现问题。这种情况被称为"黄昏哭吵"。

"黄昏哭吵"不一定是生病了

宝宝哭闹，爸妈首先想到的是不是饿了、尿了，或者病了。其实，"黄昏哭吵"并不一定是上述原因，有可能是宝宝的自我适应。

从母婴情绪交融的角度来说，宝宝出生后，他要面对一个跟舒适的子宫完全不同的世界，他需要改变自己来适应周围的一切。比如子宫里是恒温的，但子宫外的温度是随着季节变化的；子宫里只有羊水，没有其他物质，而在子宫外，宝宝需要吃奶，还要面对各种"新奇"的事物等。这些都需要宝宝花大量的精力努力去适应，可能到了傍晚，他身体最为疲惫、情绪最为低落，最终无法忍受，就开始哭闹。

育婴师教你如何应对"黄昏哭吵"

1. 多一些耐心

宝宝哭闹不止，爸爸妈妈很容易着急上火。其实，应对"黄昏哭吵"，爸爸妈妈需要的就是多一些耐心，尽量让自己冷静、放松下来。不要因为不耐烦而呵斥宝宝，你的负面情绪会让他更加紧张，哭闹得更厉害。

2. 营造"子宫"环境

当宝宝哭闹时，妈妈可以抱着宝宝来回走动，通过走动时带动的摇摆，使宝宝产生在妈妈子宫里的感受，让他觉得安全温暖，就会慢慢停止哭闹。

也可以把宝宝放在婴儿车里来回推，大部分宝宝都喜欢这种"摇晃"的感觉，甚至推着推着就会睡着。

3. "音乐疗法"

给宝宝播放轻柔的音乐，或者抱着他，给他轻轻哼唱歌曲，尤其是怀孕时做胎教的音乐，有可能对宝宝有安抚作用。

4. 转移注意力

使宝宝停止哭闹，转移注意力是个不错的方法。你可以用玩具引导宝宝的视线，让他把关注的焦点放在玩具上，自然而然就忘了哭闹。

育婴师经验谈

如果宝宝哭闹厉害，持续时间比较长，伴随呕吐或有血丝的黏液便，有可能是肠道问题引起的，应及时就医。

被动翻身抬头操，练出灵活身手

宝宝快 3 个月时，你会发现他总是在努力地想自己翻身。这时，你可以"帮"他一把，通过被动翻身抬头操，锻炼他的头、颈、躯体以及四肢肌肉的协调平衡能力，让他练出灵活的身手。

① 让宝宝平躺在床上，将宝宝的一只手放在胸前，另一只手举起放在脑袋的一侧（图①）。

② 妈妈一只手扶住宝宝放在胸前的小手，另一只手扶住宝宝的后背，然后喊"1、2、3，宝宝翻过来"，帮助宝宝从仰卧转为侧卧（图②），让宝宝侧卧 5~10 秒钟，然后再喊"1、2、3，再翻过来"，帮助宝宝转为俯卧。宝宝俯卧后，妈妈帮忙将宝宝胸前的手轻轻抽出，然后放在身体两侧。妈妈帮忙把宝宝的手臂屈肘，两臂的距离比肩膀稍微宽一些，手心向下，位置稍微超过肩膀一些。

③ 妈妈在宝宝的前方用发声玩具逗引宝宝，"宝宝看这里"，引导他抬头。

育婴师经验谈

刚开始给宝宝做"被动翻身抬头操"时，可以单独锻炼宝宝翻身和抬头，等过 2~3 天宝宝适应后，再将这两个动作连贯起来。

①

②

拨浪鼓：宝宝开始抓握东西了

满月后，宝宝紧握双拳的现象少了，大部分时候手是张开的。到第3个月时，还会看手、吃手、玩手了。这时，用小球刺激宝宝的手心，让他尝试抓握，可以锻炼宝宝手的灵活性。

准备物品：拨浪鼓或小球等宝宝能抓握的东西。

游戏方法：把拨浪鼓或小球放在宝宝的手心里，当宝宝抓握时轻轻往上提3~5厘米高，看宝宝能抓握多久，然后试着让宝宝自己抓握拨浪鼓或小球，看拨浪鼓或小球能在宝宝的手心里待多久。只要宝宝醒着时都可以玩这个游戏。

照镜子：让宝宝认识自己

经常抱宝宝照镜子，告诉他镜子里的人都是谁，让他摸摸镜子，对宝宝的认知能力、感知能力的发展都有促进作用。

这是谁

爸爸妈妈抱着宝宝走到镜子面前，同时指着镜中的人说："这是宝宝。""这是妈妈。""这是爸爸。"让宝宝感受一下镜子里外的人。

做表情

爸爸妈妈可以抱着宝宝面对镜子做动作，如拍拍宝宝，做笑脸、哭脸，逗宝宝笑等。一面做表情，一面观察宝宝的反应，如果他瞪着眼睛看，或者笑了，说明他对这个游戏感兴趣。但如果哭了，可能是因为害怕，要暂停游戏。

认识你的脸

爸爸妈妈握住宝宝的手，指点镜子里宝宝的眼睛、鼻子、嘴巴、耳朵等部位，让宝宝观察。虽然这时宝宝还不知道那是什么，但长期坚持玩这个游戏，随着他慢慢长大，会有很深刻的印象。

小宝宝不能照哪些镜子

民间有小宝宝不能照镜子的说法，认为宝宝照镜子后会变得调皮。这种说法很不靠谱。适当地让宝宝照镜子，这是一种感官体验，也是建立宝宝与周围事物联系的一种训练方法。

不过，有些镜子宝宝不能照：一是失真的镜子，这种镜子不利于宝宝认识自己的器官；二是镜面有磨损的镜子，当宝宝伸手触摸时容易发生划伤。

视线追踪玩具：宝宝能看多远

2~3个月的宝宝看得比上个月远了，还能追着移动的物体看。爸爸妈妈平时不妨用玩具逗引宝宝，锻炼宝宝的视觉追踪能力。

视线追踪锻炼方法：让宝宝平躺在床上，妈妈拿一个玩具，先在宝宝左上方20~30厘米高的地方晃动，吸引宝宝的注意力，然后缓慢移动玩具到右上方，让宝宝追踪180°。刚开始时，宝宝可能不能完全追踪180°，妈妈可以先晃动玩具，吸引宝宝的注意力，反复进行几次。

育婴师经验谈

让宝宝追着移动的玩具看，一次最多进行3个来回，不要让宝宝玩太长时间，以免造成他视力疲劳。

跟宝宝聊天：帮助宝宝积累语音经验

很多人以为2~3个月的宝宝听不懂大人说话，于是带宝宝时只要他不哭闹，就不跟他说话。其实，只要你跟他说话，他会熟悉你的声音，还能分辨一些比较相近的发音如ba、pa。所以，每天跟宝宝聊聊天，不断叫他的名字，对宝宝积累语音经验以及语言发展很有益处。

用宝宝的语言聊天

刚开始跟宝宝聊天时，可用正常的打招呼方式，如"hi，宝贝，早上好！"之类的话，先吸引他的注意力，等他无意识地发出a、o、e等单元音时，然后模仿他的发音，跟他对话，让他不断加深对这些音节的印象。

语言和手势结合

为了让宝宝理解你说的意思，可以将语言和手势结合起来。例如，当你说"跟爸爸说再见"时，边说边挥手，长期练习，让宝宝逐渐理解"再见"的意思。

经常叫他的名字

经常叫宝宝的名字，虽然他还不知道那就是他的名字，但如果他经常听到这个词，会对这个词有记忆，再大一些时就会了解到这个词所代表的意思。

第三章

4~6个月··开始吃辅食了

- 给宝宝选择一个合适的枕头
- 可以竖抱宝宝啦！带他一起看外面的世界
- 宝宝爱流口水，多准备围嘴、手帕
- 宝宝爱翻身，要注意安全问题
- 开始培养宝宝整夜睡觉的习惯
- 宝宝开始长牙了
- 宝宝爱吃手，切忌粗暴阻止
- 母乳或配方奶是这阶段宝宝的主要食物
- 循序渐进给宝宝添加辅食，协调好奶与辅食的关系

宝宝成长测试

母乳喂养 4~6 月龄宝宝体格发育参考

性别	月龄	体重（千克）	身长（厘米）	头围(厘米)	体质指数
男宝宝	4 月	7.00 ± 0.11	63.9 ± 2.1	42.2 ± 1.3	17.2 ± 1.45
	5 月	7.51 ± 0.11	65.9 ± 2.1	43.3 ± 1.3	17.3 ± 1.45
	6 月	7.93 ± 0.11	67.6 ± 2.1	44.2 ± 1.2	17.3 ± 1.40
女宝宝	4 月	6.42 ± 0.12	62.1 ± 2.2	41.2 ± 1.2	16.7 ± 1.55
	5 月	6.90 ± 0.12	64.0 ± 2.2	42.1 ± 1.3	16.8 ± 1.50
	6 月	7.30 ± 0.12	65.7 ± 2.2	43.1 ± 1.3	16.9 ± 1.50

4~6 月宝宝智能发展

领域能力	4 月	5 月	6 月
大动作能力	• 仰卧时头能够转动180°，手脚可以同时进行左右对称性运动 • 直立抱起时，头竖直，能保持平衡 • 俯卧时前臂能撑起身体抬头挺胸，腿能伸直	• 俯卧时可用一只手短暂撑起上身 • 能熟练翻身 • 扶站时能够双脚平放 • 能靠坐 5 秒以上	• 能够从仰卧熟练翻到俯卧 • 俯卧时能用双手支撑体重，头和胸更进一步抬高 • 能够单独坐一会儿 • 扶站时能使劲跳跃
精细动作能力	• 会伸手够玩具，并握紧 • 喜欢吃手	• 能够够取一定距离的玩具 • 可以大把抓握，以及利用掌心和中指、无名指、小指抓握3 厘米大小的积木	• 可以用双手拿玩具往嘴里放，能拿住奶瓶 • 看见纸会撕 • 会将拨浪鼓从一只手换到另一只手

领域能力	4 月	5 月	6 月
语言能力	能模仿简单的音节，做出"ma"的嘴形	看到熟悉的人或物会主动发音，开始发g、h、l等音	• 学会发后辅音，如 ga、ka、la、ra 等 • 能感知三种不同的语调，并用微笑或平淡的表情回应
认知能力	• 具有视觉分辨能力，开始认识颜色 • 当有人说话时，能根据嘴部动作判断由谁发出声音	• 喜欢照镜子，开始注意镜子里的人 • 喜欢听音乐，有了一定的节奏感	• 开始主动观察事物 • 能够寻找从手中掉落的物体 • 能够记住简单的发声如"往往"，表现出听觉记忆
情感与社交能力	• 一逗就笑，跟任何人都玩得高兴 • 偶尔出现生气的表情，受到惊吓时会哭	• 看到熟悉的人尤其是父母时会很高兴 • 出现与经验相联系的表情，如被狗吓过，看到狗会害怕 • 开始认生	• 能够分辨出愤怒的表情 • 会发脾气 • 与熟人分离时会不高兴或者哭出来 • 听到有人叫他的名字会转头

给宝宝准备围嘴、手帕擦口水

宝宝到了 4 个月以后开始爱流口水，爸爸妈妈需要多准备几条口水巾给宝宝擦口水了。

宝宝爱流口水的原因

大多数宝宝在 5 个月左右开始出牙，会刺激口腔分泌唾液，口水就会多起来。这是每个宝宝都会经历的，一般牙齿出来后，口水就会减少。

宝宝爱流口水还跟宝宝的咀嚼功能有关。咀嚼功能发育正常的宝宝，吞咽能力强，不易流口水。而 6 个月以内的宝宝口腔小而浅，吞咽功能又不健全，不会把流出来的口水咽下去，所以口水会很多。等到宝宝学会吞咽以后，口水自然会减少。

及时擦拭，勤洗勤涂

宝宝爱流口水，不仅会把脸弄脏，把衣服弄湿，还容易使宝宝皮肤受到伤害。口水含有一定的消化酶，而宝宝的皮肤又比较娇嫩，经常流口水，会使宝宝的嘴角、脸颊、下巴等部位总是处于一种潮湿的环境里，很容易出现皮肤发红的情况。如果不注意护理，还容易导致炎症的发生。所以，爸妈需要做好护理工作。

1. 及时擦拭口水

只要宝宝一流口水，就马上用口水巾给擦拭。注意不仅要擦拭嘴角、下巴，口水还有可能流到脖子上，所以要检查脖子的褶皱处。由于宝宝的皮肤比较娇嫩，擦的时候最好是一点点地吸干。不要用湿纸巾擦，因为湿纸巾没有吸水的作用，反而使宝宝的皮肤处于潮湿的环境中。

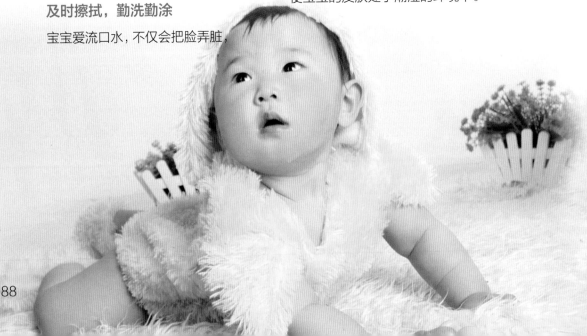

2. 勤洗勤涂

宝宝口水流到的地方，要经常用温水清洗，用小毛巾吸干后涂抹上儿童护肤霜，以保护宝宝娇嫩的皮肤。给宝宝擦口水用的口水巾，宝宝弄湿的衣服、枕头、被褥等要经常更换、清洗，用开水浸泡30分钟，再放在阳光下晾晒，以防止细菌滋生。

3. 戴上围嘴

给宝宝戴上围嘴，能防止口水把衣服弄脏，也能防止宝宝的口水流到脖子上。我们育婴师建议妈妈们给宝宝选择柔软、吸水性强的纯棉围嘴，同时还要经常换洗、消毒，保持清洁和干爽。

育婴师经验谈

> 不要动不动就捏宝宝的脸颊，因为这个动作也有可能刺激唾液腺的分泌，加重宝宝流口水的情况。

有"痰"声和呛咳声是正常现象

有时我们可以听到宝宝的喉咙发出"咕噜、咕噜"或"呼哧、呼哧"类似于"痰"的声音，或者是伴随一声半声的呛咳，尤其是在仰卧或手脚用力乱动时，更为明显。当出现这种情况时，爸妈不用担心，是因为宝宝还不会吞咽使过多的口水积储在口腔和咽喉部引起的。随着年龄的增长，宝宝逐步学会主动吞咽口水后，"痰"声和呛咳声就会慢慢好转或消失。

注意观察！有些流口水是疾病的征兆

流口水是1岁以内宝宝的正常生理现象。但是，宝宝在流口水的同时伴随出现的几种情况，却有可能是疾病的征兆。我们的育婴师在长期的育儿工作以及医生的培训下，总结了一套有效的观察方法和护理策略，可供爸妈们参考。

伴随症状	原因分析	护理策略
口角长水疱	口腔溃疡或口腔炎，疮面的刺激导致吞咽困难	• 每天遵医嘱给宝宝清洁口腔、用药 • 每次喂完奶后，要给宝宝喂少量的温开水漱口 • 让宝宝多喝水，水分充足有利于炎症的减退
发热、流鼻涕	有可能是咽喉炎或者扁桃体炎，因为咽喉炎或者扁桃体炎往往伴随咽喉部位红肿不适，使宝宝吞咽困难	• 注意卫生，抱宝宝或给宝宝喂药、喂奶之前，都要洗干净双手；也要勤给宝宝洗手，只要宝宝手心有湿湿的感觉，说明出汗了，就要给他洗手
口角溃疡	很有可能是水痘或手足口病。水痘或者手足口病可使宝宝口腔内出现溃疡，溃疡很疼，从而使宝宝出现吞咽困难	• 宝宝吃手可加重流口水和溃疡疼痛，这时应用玩具、音乐等吸引他的注意力，让他少吃手

宝宝可以枕枕头了

很多家长对宝宝是否需要使用枕头的问题无所适从。育婴师根据医生的建议以及工作经验，建议家长们在宝宝满3个月以后，给他选择一款合适的枕头。

从第4个月开始给宝宝垫枕头

一般3个月内的宝宝不需要用枕头。因为刚出生的宝宝平躺睡觉时，背和后脑勺在同一平面上，颈、背部肌肉自然松弛，再加上宝宝头大，基本与肩膀同宽，侧卧时头与身体也在同一平面上。

宝宝从第4个月开始，"爱上"抬头练习，脊椎也开始向前呈自然的生理弯曲，不再是直的，再加上宝宝的肩膀渐渐变宽，这时宝宝需要开始用枕头了，以使头位稍高，促进脊柱的正常发育。如果不给宝宝枕枕头，宝宝有可能因为头位偏低而影响睡眠和脊柱的正常发育。

适时调整枕头的高度

枕头的主要功能是支撑颈椎，所以宝宝的枕头高度要与脊椎的弯曲度相适应，4个月大的宝宝一般选用4厘米左右高的枕头就可以了。随着年龄的增长，要适时调整枕头的高度，标准为：宝宝躺在枕头上，头和身体保持平衡，不会出现头部下沉或抬高的不舒服状态。

经常晒一晒枕头

宝宝出汗多，再加上流口水、吐奶等，很容易浸湿枕套、枕头。所以妈妈要经常清洗消毒枕套，枕芯要经常在阳光下暴晒。宝宝长得快，建议2个月左右给宝宝换一次枕芯。

宝宝枕头的"硬性标准"

◎长度略大于宝宝的肩宽，枕头宽度要和宝宝的头长相等。

◎枕头面料是柔软的白色或浅色棉布，吸汗性、透气性好。

◎枕头填充物宜选棉花、荞麦等天然植物。

◎要软硬适中。用手轻压，稍微有弹性，有一点凹下去，松手后慢慢恢复，选这样的枕头就可以。

可以竖抱宝宝啦

宝宝的生长发育特点是头大、头重、骨骼的胶质多，肌肉还不发达，肌肉力量较弱。一般 1 个月的宝宝只能稍稍抬头片刻，3 个月时能初步直立，4 个月时头才能完全挺起。所以 3 个月以内的宝宝最好平抱或斜抱，到 4 个月大时才能竖抱。竖抱的常用方式有 2 种。

1. 胸贴胸竖抱法

将宝宝竖直抱起，让他的头趴在妈妈的肩膀上，使他的胸部紧贴在妈妈的前胸和肩部。同时，妈妈的一只手臂从背后托住宝宝的臀部，手掌托住宝宝的腿弯，另一只手绕过宝宝的背部握住宝宝的上肢，如果宝宝的头还不能竖稳，可将手掌托住宝宝的头和颈，以稳定宝宝的头和颈。

胸贴胸竖抱法让宝宝的视野向后，可以看到周围的人和物，还能锻炼宝宝头部、颈部的肌肉，训练宝宝做竖直抬头动作。

2. 背贴胸竖抱法

将宝宝竖直抱起，让他的脸朝着前方，背贴着妈妈的前胸。同时，妈妈的一只手臂托住宝宝的腿弯和臀部，另一只手穿过宝宝的前胸，扶住宝宝的腋下。

背贴胸竖抱法可以为宝宝的颈部及脊椎提供保护和依靠，还能让宝宝和妈妈的视线保持一个方向，有利于妈妈向他描述两人同时看到的人和物。

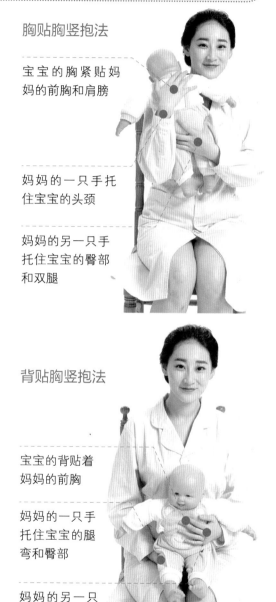

胸贴胸竖抱法

宝宝的胸紧贴妈妈的前胸和肩膀

妈妈的一只手托住宝宝的头颈

妈妈的另一只手托住宝宝的臀部和双腿

背贴胸竖抱法

宝宝的背贴着妈妈的前胸

妈妈的一只手托住宝宝的腿弯和臀部

妈妈的另一只手穿过宝宝前胸，扶住宝宝的腋下

宝宝爱翻身，爸妈要注意安全问题

淘淘最近"迷恋"上了翻身，但也给照顾淘淘的育婴师增加了工作量——要时刻关注淘淘的安全，以防意外跌落。后来，育婴师"研制"出一个方法，就是当把淘淘放在设有护栏的沙发、床上时，就用枕头、被子围成一个长方形，既给淘淘的翻身运动腾出空间，也能保证安全。

翻身是宝宝成长的一大步，大部分宝宝在4~6个月学会翻身。但宝宝翻身后，活动的范围就变大了，这时爸爸妈妈应多注意宝宝翻身的安全问题，及时做好安全措施。我们的育婴师总结了一些宝宝翻身的安全问题及防范方法，非常有用，能帮助各位爸妈保证宝宝翻身的安全。

意外跌落的防范

宝宝学习翻身时，动作是没有规律的，他通常左右摇晃身体，利用瞬间的力量翻身。如果家长不注意，他就很容易从床上、沙发上掉下来。

育婴师这样做 把宝宝往里靠，在外面围上枕头、折成长方形的被子做护栏；如果是两面都没有护栏的床，则用枕头和被子围成一个长方形；在沙发下或床边放

置软垫。

注意预防窒息

有的宝宝刚会从仰卧翻到俯卧时，可能还不会抬头，或者抬头的力度不够，很容易出现窒息的情况。

育婴师这样做 宝宝练习翻身时，身边一定要有人陪同，适当的时候帮助宝宝把身体扳过来。床上的被褥、床单一定整理好，枕头的大小、高矮、软硬度要适宜，以防止床上用品堵住宝宝的口鼻而引起窒息。

预防硬物弄伤

床上或沙发上若放置硬物，如小剪刀、小发夹、钥匙、遥控器等，都有可能在宝宝翻身时让他碰到受伤。

育婴师这样做 凡是宝宝待的床上、沙发上，除了必要的隔尿垫、褥子等用品外，其他东西一律"清场"。

 育婴师经验谈

如果在冬天练习翻身，爸爸妈妈要注意不能给宝宝穿太多太厚的衣服，这样动起来比较困难，会影响宝宝翻身。北方冬天室内有暖气，一般不需要穿厚外套，而南方的冬天没有暖气，如果天冷就需要开空调把室温调节到27℃左右。

大多数宝宝开始萌牙

一般到 5~6 个月大时，宝宝开始长牙。在宝宝出牙期间，口腔保健十分重要，爸爸妈妈一定要了解这方面的知识，让宝宝从婴儿时代开始，就有一口好牙。

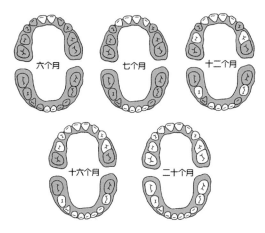

● 宝宝出牙时间与顺序图示

宝宝长牙的症状

宝宝长牙期间，可能会出现一些异常表现。

◎疼痛：乳牙要穿破牙床，宝宝可能会感到疼痛或不舒服。

◎烦躁：出牙的疼痛或不适可能会让宝宝的脾气变差，变得烦躁、爱哭闹，尤其在牙齿萌出的前一两天尤为明显。

◎流口水：出牙时产生过多的唾液会让宝宝经常流口水。

◎啃、嚼或咬东西：出牙期间宝宝常感觉牙龈痒，喜欢咬东西磨牙。

◎牙龈肿胀：宝宝的牙龈上可能出现轻微的红肿或肿胀。

◎睡不安稳：出牙期间宝宝的睡眠可能受到影响，不如以前安稳，容易惊醒。

◎体温升高：出牙可使宝宝的体温稍稍升高，一般不需要吃药，让宝宝多喝水就可以了。

宝宝长牙期间的护理

◎每次宝宝吃完奶或辅食之后，要给宝宝喂一些温开水清洁口腔，同时将手洗干净，包上干净的纱布，轻柔地擦拭牙龈上的奶垢或食物残渣，再轻轻按摩宝宝红肿的牙龈，这样能让宝宝觉得舒服一些。

◎给宝宝准备牙胶，或者胡萝卜条、苹果条等稍有硬度的蔬菜，让宝宝磨牙。

◎从宝宝长出第一颗牙后，爸爸妈妈要每天帮宝宝刷牙。刷牙的方法：将双手洗净，包上干净的纱布，从牙根向牙尖方向轻轻擦洗，然后给宝宝喂温开水就可以了。

> **育婴师经验谈**
>
> 有的宝宝出牙早，可能在 4 个月大时就开始长牙；也有的宝宝出牙时间晚，到 7~8 个月时才开始萌出第一颗牙。这些都是正常现象，只要宝宝精神好、吃奶香，爸爸妈妈就不用太担心。

宝宝爱吃手，切忌粗暴阻止

4个月大的哲哲爱上吃手，刚把小手从他的嘴巴里拿出来，没一会儿的工夫，他又把小手塞进嘴里"吧唧吧唧"地享受起来了。哲哲妈妈听老人说孩子吃手会把手吃秃了、不长了，于是总是强硬地阻止哲哲吃手，这样反而让哲哲哭闹起来，这让哲哲妈妈很是烦恼。

很多年轻的爸爸妈妈可能都有跟哲哲妈妈一样的烦恼——宝宝爱吃手，尤其是在宝宝4~5个月大时，吃手甚至成为他生活的一部分。那么，宝宝吃手是对是错？其实吃手这一行为，在正确的时间发生就是对的，在错误的时间发生就是错的。

宝宝吃手是智力发展的一个信号

宝宝在2~3个月大时开始慢慢地感知外界，口周神经相对来说发育得比较早，因此嘴巴对于宝宝来说是一种探索世界的工具，有心理学家将宝宝的这一时期称为"口欲期"。也就是说，宝宝吃手其实是学习和玩耍的过程，是智力发育的一个信号。起初宝宝先是盯着自己的小手看，然后开始笨拙地将整只手塞进自己的嘴巴里，再接着是吸吮2~3个手指，最后发展到能灵巧地吸吮某一个手指。

这种情况的吃手是宝宝探索世界的方式，爸爸妈妈不用刻意地阻止，你需要做的就是把宝宝的小手洗干净，勤给他剪指甲就可以了。

宝宝吃手可能是为了排压解闷

宝宝也有压力，当他缺少爸爸妈妈的安抚时，就会感到不安或寂寞，这时他就会吃手，自己安慰自己。这也是宝宝吃手时都表现得很安静、不哭不闹的原因。从心理学的角度来说，吃手其实是宝宝成长过程中的一种心理需求。

对于这种情况的吃手，爸爸妈妈不用过于担心，你需要做的就是多爱抚宝宝，让他感到你的爱意，让他感到安全。当他内心的不安消散了，就自然而然地把手从嘴里拿出来了。

宝宝没吃饱也会吃手

宝宝如果没有吃饱，他可能会用吃手的方式来表达。当你发现宝宝老是吃手，睡觉时不到1个小时就醒来，体重出现下降的情况，说明宝宝吃不饱，你需要改变喂养方式，适当给宝宝加奶或添加辅食。

让宝宝少吃手的3个妙招

如果宝宝有过度吸吮手指的倾向，如一天大部分时间都吃手，爸爸妈妈要想办法帮他纠正。以下是我们育婴师总结出来的妙招，爸爸妈妈不妨尝试一下。

妙招1：用玩具吸引宝宝

经常拿宝宝喜欢的玩具逗引宝宝，和他一起玩游戏，让宝宝拿、抓、扯玩具，宝宝被这些新的事情吸引，就会慢慢减少将手放在嘴里的动作。

妙招2：拓展宝宝的视野

4~6个月的宝宝对外面的世界充满了好奇，再加上这时可以竖抱起来，他的视野更开阔，爸爸妈妈可以带宝宝多接触不同的事物，如花、树、车子等，将他对手的注意力转移，他就顾不上吃手了。

妙招3：盖住宝宝的手指

当宝宝出现吃手的倾向时，妈妈可以拉长袖子，把他的手指盖住。看不到手指，宝宝会很疑惑，想办法把自己的手指找出来，就忘了吃手了。

育婴师经验谈

宝宝吃手也有可能是吸吮的需要，尤其是人工喂养的宝宝，如果奶嘴开口大，奶液的流速有些快，宝宝没有足够的时间来满足吸吮的需求，自然就爱吃手。对于这种情况，妈妈需要做的就是换个开口大小合适的奶嘴，以控制奶液的流速，让宝宝充分吸吮。

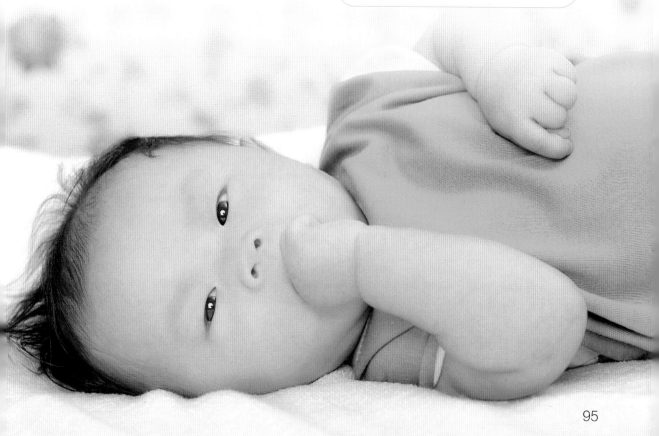

4~6 个月宝宝的喂奶安排

母乳或配方奶粉是 1 岁以内宝宝的最佳食品，所以 4~6 个月的宝宝仍然以奶为主要食物。跟前面几个月不同的是，在这几个月，需要给宝宝添加辅食了，宝宝的饮食变得丰富起来。爸爸妈妈需要做的事情就是合理地添加辅食，协调好辅食和奶的关系。

仍然坚持母乳喂养

在 4~6 个月，只要条件允许，妈妈身体健康，就应仍坚持母乳喂养。每天至少喂 4 次母乳，可把时间安排在上午 6 点、中午 12 点、下午 6 点和睡前。

配方奶粉喂养方案

从 4~6 个月开始，人工喂养的宝宝正式进入按时喂养。我们育婴师建议，每天上午 6 点、中午 12 点、下午 6 点、晚上 9~10 点，各给宝宝喂一次奶粉，每次 150 毫升左右，奶量根据宝宝的需要调节。

想办法帮宝宝戒掉夜奶

宝宝吃了一顿奶之后睡觉，能坚持的时间为：2 个月大时 4~5 个小时，3 个月大时 6~8 个小时，4 个月大时 8~12 个小时。所以从宝宝 4 个月大时，爸爸妈妈可以想办法戒掉夜间的奶了，这样不仅爸妈轻松，宝宝也能逐渐养成整夜睡眠的好习惯。我们的育婴师是这样给宝宝戒掉夜间奶的。

1 把宝宝晚上 6 点的奶改成辅食，在睡前再给宝宝吃一顿奶，这样后半夜宝宝不会因为饿醒来吃奶了。

2 把晚上 9 点左右的奶推后到 11 点左右，减少睡前的这顿奶和第二天上午 6 点那顿奶的间隔。

3 睡前给宝宝吃的那顿奶，在吃奶的中间给宝宝拍嗝，宝宝排出空气后腾出一部分的胃容量，这时可让宝宝多吃 20~30 毫升的奶，有助于避免后半夜宝宝饿时醒来。

4 如果宝宝夜间醒来，先不理睬他，看他是否能继续入睡。如果宝宝没有继续睡觉，可先喂一些温开水，再轻轻拍拍宝宝，帮助他入睡。如果宝宝哭闹得厉害，再考虑喂奶。

和宝宝一起度过厌奶期

在 5~6 个月时，人工喂养的宝宝容易出现"厌奶"的现象。这是因为宝宝开始对周围的环境产生好奇、喜欢探索，自然就容易对吃分心，再加上辅食的添加，宝宝可能变得不爱吃奶了。

对付宝宝厌奶，我们的育婴师有如下建议。

1. "对症下药"

宝宝不爱吃奶，可能是因为生病了，那就需要根据病症来给予不同的食物。例如宝宝便秘了，食欲会受到影响，这时可以给宝宝喝一些芹菜汁或者吃土豆泥等有助于润肠通便的食物，宝宝消化好了胃口自然变好。

2. 不要随意更换配方奶粉

突然给宝宝换奶粉很容易引起宝宝的抗拒心理，导致厌奶。所以不要随意给宝宝更换奶粉，如果换奶粉则要循序渐进。换奶粉的方法：以每次宝宝需要5勺奶粉为例，4勺A奶粉加1勺B奶粉→3勺A奶粉加2勺B奶粉→2勺A奶粉加3勺B奶粉→3勺A奶粉加2勺B奶粉→2勺A奶粉加3勺B奶粉→1勺A奶粉加4勺B奶粉→完全转为B奶粉。每添加一勺新的奶粉，都要观察2~3天，如果宝宝消化好、没有出现抗拒则继续，如果宝宝出现腹泻、过敏或者精神不振、不爱吃奶的情况，要暂停替换奶粉。

3. 不要强迫宝宝

如果给宝宝冲奶，他不想吃时，爸爸妈妈不要硬喂，否则一旦使宝宝产生了厌恶情绪，反而会不再吃配方奶粉了。在宝宝不吃奶粉的期间，爸爸妈妈可以提供辅食代替，过一段时间再尝试喂宝宝配方奶，宝宝可能就接受了。

可以给宝宝添加辅食啦

我们的育婴师在入户照顾宝宝时，常看到大人在喝汤或粥时，"顺便"给小宝宝喂一点。育婴师连忙阻止，但大人并不在意，结果宝宝拉肚子了。到医院检查，原来是因为过早给宝宝吃了他肠胃不能消化的食物。所以我们提醒各位爸妈，一定要在正确的时间，正确地给宝宝添加辅食，这样才不会伤害到宝宝的肠胃。

4~6 个月是添加辅食的最佳时机

大部分的婴幼儿营养专家认为，宝宝 4~6 个月大时开始添加辅食最理想，最晚不要超过 6 个月。在给宝宝添加辅食时，爸爸妈妈需要对宝宝进行一次能力评估，再决定是否开始添加辅食。评估的内容有：

① 宝宝的肠胃状况，如对母乳或配方奶的消化吸收是否良好，是否有便秘、腹泻、过敏、经常吐奶的情况发生。

② 宝宝的吞咽能力，如是否会用舌头压住奶嘴。

③ 宝宝的挺舌反射是否消失。可在给宝宝喂奶时观察，看宝宝是否有用舌头把奶嘴推出的动作，如果有，说明宝宝的挺舌反射还未消失。

④ 大人吃饭时宝宝是否出现嘴巴在动、吞咽、流口水等动作。

⑤ 宝宝身体健康，但近期体重增长缓慢，说明营养吸收不够，需要添加辅食了。

辅食添加要循序渐进

1. 品种：单一→多样

先给宝宝添加一种食物，持续添加 3~5 天，如果没有发生不良反应，说明宝宝可以接受这种食物，然后再试另一种食物。如果宝宝连续出现 2~3 次不良反应，如腹泻、皮肤起疹子，说明宝宝对这种食物过敏。

2. 量：少量→适量

每次给宝宝尝试新的辅食时，每次只喂一点点，同时观察宝宝的大便和精神状况，没有什么不良反应再缓慢增加食用量。以添加蛋黄为例，先给宝宝喂 1/8 个蛋黄，3~4 天后宝宝没有不良反应，而且两餐之间没有饥饿感，排便正常、睡眠安稳，再增加到 1/4 个，然后到半个，直至添加整个蛋黄。

3. 状态：稀→干，细→粗

应根据宝宝消化道的发育情况及牙齿的生长情况逐渐过渡，即从较稀的果汁、菜汤、米汤开始，到米糊、菜泥、果泥、肉泥，然后到稀饭、软饭、小片的菜、水果及肉。食物的性质从细到粗，先喂菜汤、细菜泥，逐渐试喂粗菜泥、碎菜和煮烂的蔬菜。在宝宝 6~8 个月时，应开始添加可以咀嚼的食物，如饼干、馒头或面包片，帮助宝宝锻炼牙床及颌关节。

辅食添加流程

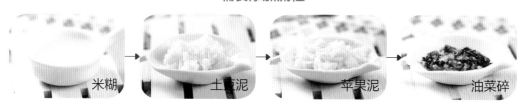

米糊 → 土豆泥 → 苹果泥 → 油菜碎

→ 鸡肉泥

•给宝宝添加辅食，可以从容易消化的糊状食物开始（如米糊），逐步过渡到很细的泥状食物（如土豆泥），接着到比较粗的泥状食物（如苹果泥），再到需要多一些搅拌和咀嚼的碎菜和肉泥（如油菜碎、鸡肉泥）。

宝宝辅食种类及添加顺序

月龄	辅食种类	每日添加量
4~6 月	菜汤、果汁、果酱、米汤	3~6 汤匙
	鱼泥或鱼糊、米粉糊	2 汤匙，逐渐增加至小半碗
	蛋黄	1/8 个，逐渐增加至 1 个
	菜末或碎菜、水果泥	小量加入米糊中
7~9 月	烂粥、烂面条	小半碗
	菜泥、土豆泥、胡萝卜泥	1~2 汤匙或加入粥中
	香蕉泥、苹果泥	直接喂食，每次 3~4 汤匙
	豆腐、豆制品	一小块
	碎菜、小片叶菜	3~5 汤匙，或加入粥、面条中
	鱼、肉末、肝泥、动物血、肉松	1~2 汤匙
	饼干、烤馒头片	适量
	蒸鸡蛋羹	1 个鸡蛋
10~12 月	软饭、面条、鱼、肉、肝	根据宝宝的消化情况，每天安排 2~3 餐辅食，或加 2 次点心
	带馅食品、豆制品、小点心	
	绿叶菜、水果、各种蔬菜	

每天喂辅食的量和次数

给宝宝喂辅食的时间宜安排在两次母乳或配方奶之间，一次喂饱，一天2~3次。育婴师建议，刚开始给宝宝喂辅食时，可把每天喂辅食的时间放在上午9~10点和下午3~4点；到宝宝进入断奶期（10~12个月）时，在晚上6点左右增加一顿辅食。夜间吃奶次数超过2次的宝宝，可把上午9~10点的辅食安排到晚上6点，睡前再喂一次奶，以帮助宝宝戒掉夜奶。千万不要想起才添加辅食，这样不利于宝宝饮食规律的建立。

给宝宝喂辅食的技巧

刚开始添加辅食的时候，习惯了乳头和奶瓶的宝宝还只会张口，不会闭嘴，或者是把吃进去的食物顶出来，所以给宝宝喂辅食需要技巧：用小勺喂宝宝辅食时，先用小勺轻轻压住宝宝的下嘴唇，然后握小勺的手轻轻翘起，食物就很容易从双唇之间流入宝宝的口中了。

看看我们育婴师是怎样给宝宝喂辅食的

···· 喂辅食之前 ····

用小勺品尝一下辅食的温度，以感觉微温为宜；给宝宝擦净小手和小嘴，围上围嘴。

···· 喂宝宝吃饭 ····

跟宝宝说："准备吃饭喽！"然后用宝宝的小勺喂宝宝。当宝宝用舌头顶出食物时，把宝宝的小嘴擦净，面带微笑地对宝宝说："宝贝，再试一试，是不是跟之前吃的不一样。"再继续尝试喂食。

···· 喂完之后 ····

给宝宝喂完饭后，再喂几口温开水，擦干净宝宝的小嘴和小手，取下围嘴，轻轻抱起宝宝，让宝宝的头靠在抱宝宝者的肩膀，脸朝外，一边来回走动，一边轻拍他的背部，帮助他打出饱嗝。

宝宝一日饮食安排参考

早晨6点：母乳或配方奶150毫升左右，配方奶的量根据宝宝食量调节

7~9点：不定时给宝宝喂几口温开水

9~10点：营养米粉10~20克，或蛋黄1/4个，具体的量根据宝宝食量调节

中午12点~下午1点：母乳或配方奶150毫升左右

下午3~4点：苹果泥或南瓜泥20~30克

下午4~6点：不定时给宝宝喂几口温开水

晚上6点：母乳或配方奶150毫升；夜间吃奶超过2次，可换成胡萝卜泥、鱼泥或蛋奶羹

晚上10~11点：母乳或配方奶150~200毫升

看宝宝的大便，及时调整辅食

给宝宝添加辅食后，爸爸妈妈要观察宝宝的大便以了解他的消化情况，进而改进辅食的制作和喂食的方法。

◎ 5 个月以上的宝宝一般每天排便 1~2 次，有的宝宝习惯 2 天排便一次，如果超过 3 天才排便一次，且大便干硬、排便时宝宝使劲儿，说明宝宝便秘了。这时，可以给宝宝适当加一些菜泥，或者多喂一些蔬菜水或水果汁，蔬菜、水果是膳食纤维的理想来源，有润肠通便的功效，能帮助宝宝改善便秘。

◎ 吃母乳的宝宝大便呈糊状，添加辅食后大便逐渐成形。如果添加辅食后宝宝的大便发散、不成形，有可能是辅食量多，或者辅食不够稀烂，影响了消化吸收。这时，应适当减少辅食的量，把辅食做得软烂一些。

◎ 给宝宝吃绿叶蔬菜后，他的大便可能有些发绿，吃西红柿后大便可能有些发红，这些都是正常的代谢反应，爸爸妈妈不必过于担心。但是，如果大便次数增多，大便稀薄如水，甚至出现黏液、脓血，说明宝宝可能吃了不卫生或变质的食物，有可能患了肠炎、痢疾等肠道疾病，应及时带宝宝就医。

宝宝习惯和接受一种食物一般需要几天的时间，给宝宝喂辅食时爸爸妈妈一定要多一些耐心。

让宝宝爱上辅食 5 大妙招

宝宝不爱吃辅食，别着急，找出原因，用对方法，宝宝会爱上吃辅食的。

生病了没胃口

宝宝生病，如感冒、腹泻，或者缺乏某种微量元素，会让宝宝变得没有胃口，对吃奶、吃辅食都提不起兴趣。

育婴师有妙招 找医生！宝宝生病了要及时去看医生，宝宝生病期间暂停喂辅食，等他完全痊愈了有胃口吃东西时再添加辅食。

吃厌了常吃的辅食

大人常吃几样菜也会腻，更别提"挑剔"的宝宝了，经常吃某种辅食，宝宝也会产生"味蕾"疲劳。

育婴师有妙招 尝试新的辅食；原来的辅食要变花样，比如原来只给宝宝吃土豆泥，这次可以做成土豆条，或者浇上番茄酱。

喂辅食时太粗暴

有的爸妈认为，宝宝吃得多对身体有好处，就想方设法让宝宝多吃，即使宝宝哭闹也要强硬喂食或对宝宝大声吼叫，这会让宝宝对吃饭产生心理负担。

育婴师有妙招 充分尊重宝宝的意愿，不想吃不勉强宝宝吃；如果宝宝已经对吃辅食产生抗拒，平时要把辅食做得色香味俱全，同时大人在宝宝面前吃得香，以勾起宝宝的兴趣。

用餐环境不愉快

在给宝宝喂辅食时，家人争吵，或者开着电视，或者大人在玩手机、平板等，都会影响到宝宝的食欲。

育婴师有妙招 营造良好的用餐环境，给宝宝喂辅食时大人、宝宝都要专心，大人不要看电视、玩手机、玩平板，也不要让宝宝一面玩耍一面吃。久而久之，可帮助宝宝养成吃饭专心的好习惯。

宝宝生活不规律

宝宝如果生活不规律，晚上睡得很晚，早晨八九点不起床，耽误了早饭，午餐吃得过多，胃肠极度收缩后又扩张，会使胃肠功能发生紊乱，从而影响宝宝的胃口。

育婴师有妙招 逐渐培养宝宝良好的生活规律，早上 7 点左右宝宝还不起床，可轻摇宝宝，或者摸摸宝宝的耳朵，把他叫醒，同时适当减少宝宝白天睡觉的时间，让宝宝多活动，晚上宝宝自然睡得早、睡得香。宝宝的生活变规律了，胃肠功能恢复，胃口也自然变好。

 育婴师经验谈

让宝宝和大人一起吃饭，虽然他还小，但家人一起吃饭，愉快的用餐环境能鼓励宝宝进食，让他模仿别人吃东西，对让宝宝爱上辅食有益。

宝宝辅食添加 Q&A

Q 给宝宝添加辅食，首先加的是米粉吗?

A 不是。从宝宝 4 个月大开始，可以给他添加蔬菜、果汁、米汤，当宝宝的舌头适应用勺喂食之后，再逐渐过渡到米粉糊。

Q 可以用牛奶来调米粉糊吗?

A 宝宝 4~6 个月大时，最好用温开水来调米粉糊，一般 5 克米粉用 20~30 毫升的温开水。用水调米粉糊还有一个好处，就是有助于宝宝把喝奶和吃辅食区分开来。6 个月以后，宝宝对营养的需求更多，这时可以用配方奶来调米粉糊。宝宝 3 岁左右，他的胃蛋白酶和胰蛋白酶的分泌、活性才基本赶上成人，所以在这之前不宜给宝宝喝牛奶，也不宜用牛奶来调米粉糊。

Q 可以用市售的果汁稀释后喂给宝宝吗?

A 不宜给宝宝喝市售果汁，即便是稀释后的，因为这些果汁含有较多的糖分和添加剂。建议爸爸妈妈在家自制果汁，方法并不难: 将水果洗净，切块(需要去皮的则去皮)，然后用榨汁机榨汁，根据宝宝的月龄按一定的比例稀释后喂给宝宝就可以了。

Q 什么时候可以在辅食里加盐?

A 世界卫生组织建议，宝宝 1 岁以内不宜加盐。但也要根据具体情况来调整，比如给宝宝吃肉末、鱼肉时，如果没有盐，宝宝可能觉得没有味道，不愿意吃，这时需要少量加盐。爸爸妈妈需要注意的是，给宝宝加盐，一定要保证食物清淡。

Q 便秘吃香蕉管用吗?

A 吃熟香蕉有一定的润肠通便效果。但是，未成熟的香蕉含有一定的鞣酸，具有收涩的作用，会加重便秘。所以宝宝便秘应给他吃熟香蕉。

Q 1 岁以内的宝宝可以喝蜂蜜水吗?

A 不可以。蜂蜜中含有一定的激素和肉毒杆菌，而 1 岁以内的宝宝抵抗力低，容易过敏，严重的甚至可引起中毒。

适合 4~6 个月宝宝的辅食

美味石榴汁 适合4~5个月宝宝

材料：石榴 1 个。

做法：1. 将石榴剖开，取出石榴子。

2. 把石榴子和凉开水一起放入搅拌机中搅打 2 分钟，用滤网过滤即成。

育婴师美食经验

◎不宜给宝宝喝凉的果汁；果汁的最佳温度跟宝宝平时喝奶粉的温度一致。

◎刚开始给宝宝喝果汁时，不要给宝宝喝纯果汁，宜按照1:3的比例兑入开水，等宝宝肠胃适应后，再逐渐减少兑入开水的量。

橘子汁 适合5个月以上宝宝

材料：橘子 1 个，清水 50 毫升。

做法：1. 将橘子去皮洗净，切成两半，放入榨汁机中榨成橘子汁。

2. 将清水倒入于等量橘子汁中加以稀释。

3. 将橘子倒入锅内，再用小火煮一会儿即可。

育婴师美食经验

从第5个月开始，妈妈可以给宝宝喝带有少许果泥的橘子汁了。刚开始，应将果汁稀释，建议按照1:3的比例稀释，之后随着宝宝月龄的增加和吞咽能力的提高，逐渐降低稀释的比例。

雪梨米糊 适合6个月以上宝宝

材料：雪梨半个，米粉50克。

做法：1.雪梨洗净，去皮，入锅蒸熟后用勺压成泥块状。

2.米粉用开水泡软，和雪梨一起混合均匀，煮1~2分钟即可。

育婴师美食经验

可以用苹果、胡萝卜、香蕉等蔬菜、水果代替雪梨，但都要做成泥状。

鱼菜米糊 适合6个月以上宝宝

材料：米粉25克，鱼肉20克，青菜15克。

做法：1.米粉加1碗开水浸软，搅成糊；青菜洗净，剁成泥。

2.选没有刺的鱼肉，洗干净，放入开水锅中煮熟，捣成泥。

3.把青菜、鱼肉、米粉一起放入锅里，加少许水拌匀，煮开即可。

育婴师美食经验

刚开始做鱼泥时，尽量做得细腻一些。随着宝宝吞咽和消化能力的提高，可逐渐向粗泥、小颗粒状等过渡。

胡萝卜苹果泥 适合6个月以上宝宝

材料：胡萝卜200克，苹果100克。

做法：1.胡萝卜、苹果洗净，去皮，分别磨成泥状。

2.将苹果泥与胡萝卜泥混合，用适量水调稀，上锅蒸3分钟即成。

育婴师营养笔记

◎胡萝卜含有丰富的胡萝卜素，可促进宝宝的视力发育。

◎苹果对肠胃有双向调节的作用，它含有的膳食纤维可促进肠胃蠕动，预防和缓解便秘；所含有的鞣酸、有机碱等物质有收敛作用，对单纯的轻度腹泻，可用熟苹果泥来调理。

• 胡萝卜苹果泥

宝宝疾病观察与病后护理

便秘：水和膳食纤维是防治便秘的良药

晴晴是我们的一位育婴师照顾过的宝宝。从出生开始，她一直都是吃母乳，尿便都很正常。刚开始添加果汁、蔬菜水时，大便情况跟以前差不多。但是，给晴晴吃了比较稠的米粉糊之后，育婴师发现她有2天没有排便，中间可能她有便意，握着小手使劲儿，小脸憋得红红的。我们育婴师考虑到晴晴应该是便秘了，可能是肠道还不能"承受"比较稠的米粉糊。于是，育婴师暂停给她喂糊状的辅食，除了正常的母乳之外，只给果汁、蔬菜汁，还时不时地给她喂水。过了2天，晴晴开始排便，之后育婴师每天都坚持给她多喝水，适当喝一些果汁，加一些蔬菜，这些食物都富含膳食纤维，能帮助晴晴预防便秘。

给宝宝添加比较稠的糊状辅食或固体之后，不少宝宝跟晴晴一样，出现便秘。当宝宝出现便秘时，爸妈也不用太担心，多给宝宝补充水分和膳食纤维，调整饮食，帮宝宝的肠道"减负"，通常过几天宝宝的便秘都能得到缓解。

出现这些症状，说明宝宝便秘了

爸爸妈妈给宝宝添加辅食后，注意观察，如果宝宝出现以下症状，说明便秘了：

◎每周排便次数少于2次。大多数宝宝每天排便1~2次，也有的宝宝2天排便1次。

◎大便干硬。

◎排便时宝宝很用力，小手紧握，小脸憋得红红的，有的宝宝还因为排便费力而哭闹。

水是防治便秘的最好"饮料"

水有润滑肠道、使粪便变得湿润柔软的作用。如果宝宝喝水少，大便会变得干硬、不容易排出来。所以爸爸妈妈平时要多给宝宝喂水，尤其是给宝宝添加辅食之后。

不同年龄的宝宝，每天所需的饮水量也不一样：1岁以内的宝宝每天饮水量为120~160毫升/千克；1~3岁为100~140毫升/千克。以上饮水量仅作为参考，如果宝宝已经发生便秘，或者宝宝体质偏热，或者出现发热、腹泻等不适，应适当增加饮水量。

我们的育婴师在入户照顾宝宝时发现，不爱喝水的宝宝更容易发生便秘。那么，宝宝不爱喝水怎么办呢？育婴师给你支招。

1.给宝宝准备专用水杯（或喝水奶瓶）

有时宝宝并不是不喜欢水的味道，而

是对装水的容器比较"挑剔"。对于 6 个月以内的宝宝，爸妈可以准备一个专用的奶瓶，在瓶身上贴一些可爱的贴贴画，以吸引宝宝的注意。6 个月以上的宝宝，可以开始锻炼他用杯子喝水了，这时可给他准备一个外形比较可爱的水杯，让他因为水杯而爱上喝水。

2. 跟宝宝做干杯的游戏

爸爸妈妈要做好榜样，每隔几分钟就喝几小口水，每次喝水时都要跟宝宝的喝水奶瓶或水杯碰杯，跟宝宝说"干杯"。宝宝通常都会觉得这样的游戏很好玩，会在不知不觉中喝水。

• 宝宝不爱喝水，可以换一个人来喂，说不定他能接受。

3. 趁宝宝玩耍时喂水

宝宝睡觉醒后或者玩耍投入时通常都比较乖，这时给他喝温开水，他比较容易接受。

4. 找榜样

带宝宝到户外时，给他找一个喝白开水的小朋友做榜样。即便是才几个月大的宝宝，他看得多了，自然地会模仿。

补充膳食纤维，清除肠道垃圾

提到便秘，很多人都会想到多吃蔬菜和水果补充膳食纤维，宝宝也一样。我们的育婴师是这样给宝宝补充膳食纤维的。

◎ 4 个月以上的宝宝，用萝卜、胡萝卜、芹菜等煮水给宝宝喝；用橙子、苹果榨汁，然后按照1：2（果汁1，水2）的比例稀释后给宝宝喝。

◎宝宝满5个月后，将菠菜、卷心菜、青菜、荠菜等切碎，放入米粥或麦片内同煮，然后喂给宝宝。每天坚持给宝宝吃香蕉泥、苹果泥等水果泥，每天1次，每次30克左右，以促进宝宝肠胃蠕动。

◎宝宝习惯糊状食物后，经常给宝宝吃土豆泥、红薯泥、南瓜泥等富含膳食纤维的薯类食物，也有很好的润肠效果。

经常给宝宝摩腹，缓解便秘促消化

经常给宝宝按摩腹部，可促进肠胃蠕动，预防和缓解便秘。按摩方法为：让宝宝仰卧，妈妈将双手搓热，右手掌根部紧贴宝宝的腹壁，左手叠在右手背上，按照右下腹、右上腹、左上腹、左下腹的顺时针方向按摩，每次5分钟左右，一天按摩2~3次。给宝宝按摩的时候，要注意力度，以宝宝能接受、不哭闹为度。按摩过程中，如果宝宝哭闹或者不愿意配合，要暂停按摩。

经常捏脊，消食积、防便秘

宝宝满6个月后，爸爸妈妈可以给他捏脊，有消食积、防治便秘的作用。中医认为，在人体的背部分布有两条经络——督脉、足太阳膀胱经。督脉总督人一身阳

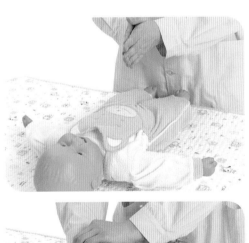

气，阳气是人生命活动的动力，阳气足则精神好、身体康健，阳气不足则精神不振、容易生病。足太阳膀胱经是脏腑背俞穴的所在之处，刺激背俞穴有调理脏腑的作用。所以经常给宝宝捏脊，可以疏通气血、增强脏腑功能、提高身体免疫力。

宝宝不爱吃饭、消化不良、便秘，都是脾胃功能不够强健的表现，而捏脊可以增强脾胃功能，促进消化，预防便秘。捏脊的方法：让宝宝俯卧，妈妈把拇指放在下面，其余四指放在上面，拿捏宝宝背后脊椎两侧的肌肉，从下向上移。刚开始捏脊时，每天1次，等宝宝适应后逐渐增加至每天3~5次。捏脊时手法一定要轻柔，

并注意观察宝宝，如果他哭闹或者不愿意配合，要暂停捏脊。

捏脊属于中医里的一种疗法，我们育婴师在咨询医生后，把捏脊的一些注意事项总结如下，以供爸爸妈妈们参考。

◎给宝宝捏脊时要注意室温，不能低于20℃，以避免宝宝受凉。但是，也要避免室温过高，宝宝出汗多，会影响到疗效。

◎忌在宝宝吃奶或辅食之后立即捏脊，因为这样容易刺激到宝宝，引起呕吐。

◎给宝宝捏脊之前，爸爸妈妈一定要先修剪好指甲，取下手上的戒指、手链等装饰物。

◎应先将双手搓热后再给宝宝捏脊。

◎捏脊的过程中，宝宝可能不配合、哭闹，弄得一身汗，捏脊后要给宝宝喂一些温开水。

正确使用开塞露的方法

如果宝宝超过4天没有排便，就要及时带宝宝到医院检查了。医生很有可能给宝宝开药，必要时让家长给宝宝用开塞露通便。开塞露的使用方法为：将开塞露的封口剪开，管口处一定要修剪光滑，先轻轻挤出少量的药液润滑管口，然后让宝宝侧卧在床上，将开塞露管口轻轻插入宝宝的肛门，慢慢挤压塑料囊，使药液缓缓注入肛门内，拔出开塞露空壳，最后在宝宝的肛门处夹一块干净的纱布，防止药液流出就可以了。

发热：优选物理降温

我们的育婴师在照顾宝宝时，常发现这样的情况：宝宝突然发热，爸妈很担心，急急忙忙地把宝宝裹得像粽子似的往医院跑。其实，这样做适得其反——把宝宝裹得像粽子似的不利于散热。那么，宝宝发热时应该怎么做呢？我们的育婴师会这样做。

先给宝宝量体温

宝宝发热时，我们要冷静下来，先给宝宝量体温，第一时间了解宝宝发热的程度。给宝宝量体温，一般选择腋下，既方便又安全。

1. 量体温前的准备工作

◎安抚好宝宝，尽量让宝宝安静下来，避免哭闹和剧烈运动，以免影响测量结果。

◎把事先准备好的体温计的刻度甩到35℃以下，方法是右手拇指和食指握住温度计的上端，手腕向下、向外甩动几下。

2. 给宝宝量体温的方法

测量前，要先擦干宝宝腋下的汗，然后将水银头那端由前方斜向后上方插入宝宝的腋窝正中，紧贴皮肤，然后把宝宝的手臂紧靠胸廓，保持5分钟后取出体温计。看体温计时，应将体温计与双眼平行，横持体温计，缓慢旋转，读出数值。

3. 宝宝的正常体温范围

◎正常小儿体温（腋下体温）一般为36~37℃，且上午的体温会略高于下午。喂奶或饭后、活动、哭闹、衣服过厚、室温过高均可使宝宝的体温暂时升至37.5℃。

◎早产儿、低出生体重儿、营养不良儿、重症感染儿，他们的体温往往低于36℃，临床上称体温过低或体温不升。

◎体温波动在37.5~38℃的为低热，38~39℃的为中热，体温在39℃以上的为高热。

怎样区分宝宝正常的体温升高和发热

宝宝体温升高不一定就是异常，哭闹、吃奶等生理活动也会让宝宝体温升高。一般情况下，宝宝的体温短暂在37.5~38℃范围内波动，且全身状况良好，没有其他异常症状，宝宝安静或休息一段时间后体温下降，则不应视为发热。

宝宝体温异常升高，也就是发热，常同时伴有精神不好、没有胃口吃东西、变得烦躁、手脚冰凉、恶心、呕吐、腹泻等不适。这时，父母应引起重视，注意观察并积极处理。

如果一时找不到体温计，在自己没有发热的情况下可用额头轻触宝宝的额头，如有热感，表明宝宝可能发热。

宝宝发热优选物理降温

宝宝发热是身体的防御系统与病毒、细菌作战的结果，是一种自我保护机制。但是，发热也破坏了宝宝体内原来和谐稳定的环境，对宝宝的神经系统、消化系统等都会造成不利的影响。在找出发热原因之前，不要盲目地给宝宝退热，但宝宝发热时间过长，或者是温度过高，则要积极处理，以免发生高热惊厥等严重后果。

1. 38.5℃以下采用物理降温

一般情况下，如果宝宝的体温低于38.5℃，不需要用退热药，可在家给宝宝进行物理降温，并每隔半小时给宝宝量一次体温。但是，如果宝宝持续低热超过2天，应立即带宝宝就医。

常用的物理降温方法有：

◎温水洗澡：用 30~35℃ 的温水给宝宝洗澡，每次 15 分钟左右，然后迅速擦干宝宝的身体，给他穿上干净的衣服。如果洗澡不方便，可以用温水给宝宝擦澡，也能起到散热的作用。

◎贴退热贴：擦干净宝宝额头、颈部，然后撕开退热贴的透明胶膜，把胶面贴敷于额前和颈部。如果宝宝发热超过38.5℃，还可在宝宝的颈部动脉、左右股动脉处贴退热贴，可加快退热速度。

●给宝宝贴退热贴。

◎酒精擦浴：1 岁以上的宝宝，可用 75% 的医用酒精将纱布或柔软的小毛巾蘸湿，拧至半干轻轻擦拭宝宝的颈部、胸部、腋下、四肢和手脚心。酒精擦浴的时间不要超过 10 分钟，擦好后用毛巾被裹好宝宝。

◎冷湿敷法：将小毛巾折叠数层，放在冷水或冰水中浸湿，稍拧干，敷额头。最好两条毛巾交替使用，每隔 3~5 分钟换一次，连续敷 15~20 分钟。但若宝宝出现寒战、发抖时则应停止，并给宝宝裹好被子。

2. 超过 38.5℃ 需用退热药并立马就医

如果宝宝的体温超过 38.5℃，出现烦躁、精神不好、脸色发红时，需要马上给宝宝吃退热药。常用的退热药有乙酰氨基酚和布洛芬，在给宝宝吃药时，应严格按照说明书给宝宝服用合适的剂量，然后立即带宝宝就医，并告知医生就诊前给宝宝吃的药及剂量。

宝宝反复发热，要细心观察

宝宝发热大多数是病毒引起的，病程一般在 3~5 天，在这期间发热会反反复复，这时不要着急，应随时观察宝宝的情况，低热的宝宝每 4 个小时量一次体温，高热的宝宝在用过退热药后每 2 个小时量一次体温——38.5℃ 以下物理降温；超过 38.5℃ 应遵医嘱用药，并配合物理降温。

按摩也有助于退热

2 岁以上的宝宝发热，我们有一个退热的窍门——按摩。方法为：先搓宝宝的脚心，把热往下引，等脚搓热了，再搓小腿，上下来回搓，把小腿搓热后，再搓宝宝的小手、胳膊、后背和耳朵，最后搓宝宝头顶正中的百会穴。搓的时候要注意力度，不可太用力，要轻轻地搓，搓的速度不能太快，要一下一下慢慢地搓，一边搓一边让宝宝多喝些温开水。

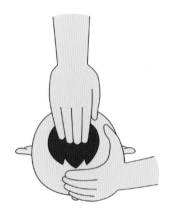

● 按摩百会穴有助于降温

给宝宝穿衣，捂汗还是散热？

很多成人发热时，习惯洗个热水澡，捂一身汗，很快就退热了。我们育婴师提醒各位爸爸妈妈，这个方法不适合宝宝，千万不要用在宝宝的身上。那么，宝宝发热了，应该怎么穿衣服呢，是多穿捂汗还是少穿散热？请看我们育婴师咨询医生以及实际工作经验的总结。

1. 发热初期：适当保暖	2. 发热中后期：适当散热
宝宝刚开始发热时，虽然宝宝的额头或身体摸起来感觉热，但大多会出现脸色略微发白、手脚冰凉的症状。大一些的宝宝，还会告诉爸爸妈妈说自己觉得有些冷。 育婴师提示 这时不妨给宝宝多穿一件衣服，或者给宝宝多盖一床被子，注意保暖，以防再次受凉而加重发热症状。	当宝宝发热到 38.5℃ 以上时，一般会出现脸部发红、手脚发烫的情况。这时如果再给宝宝多穿衣服或多盖被子，结果可能适得其反，把宝宝烧得小脸红彤彤的，还有可能让温度进一步上升。这也是有的父母在宝宝发热时，给宝宝穿得里三层外三层，病情却更加严重的原因。 育婴师提示 这时需要适当给宝宝散热。可以给宝宝穿稍微薄一些而且吸汗的衣服，或者是把宝宝衣服上的扣子解开几个，还可以采用前面提到的物理降温方法，给宝宝散热。

宝宝生病期间及病后照护

1. 给宝宝多喝水

宝宝发热，会因为出汗而让体内的水分和矿物质大量流失，所以当宝宝发热时，要注意给宝宝补充水分。

◎对于发热中的宝宝来说，喝水也会变成一件痛苦的事儿，这时应采取少量多次的方式慢慢帮宝宝补水，可以用滴剂的胶头滴管挤水给他喝，一滴管一滴管地喂，这样不会呛到宝宝。

◎还在喝奶的宝宝，除了继续哺乳和配方奶外，还可以补充苹果汁等吸收率高的果汁，以补充营养。

2. 不要强迫宝宝吃东西

宝宝在发热时，可能没有胃口吃东西，那就不要勉强宝宝。强迫宝宝进食，不仅不能促进食欲，反而会引起呕吐、腹泻等不适。如果宝宝吃得下东西，可以让他少量吃些清淡的食物，稀饭、面条都是比较好的选择。

3. 发热期间忌给宝宝吃鸡蛋

宝宝发热时常常没有胃口吃东西，有些父母怕宝宝营养不够，就给宝宝吃鸡蛋。这种做法是不对的。鸡蛋虽然营养丰富，但它所含的蛋白质在体内分解后会产生一定的额外热量，使机体热量增高，会加重宝宝的发热症状，延长宝宝发热的时间。

● 宝宝生病期间爱哭闹，爸爸妈妈要多一些耐心。

113

如何顺当地给宝宝喂药

给宝宝喂药，真的是一件非常困难的事儿！我们有位育婴师刚入户时，就看到一家人围着生病的宝宝，爷爷负责抱宝宝，奶奶负责捉住宝宝的手，爸爸扶住宝宝的头，然后妈妈给灌药。宝宝不吃药，只能强行灌药，但很容易发生呛咳。那么，怎样才能顺当地让宝宝把药吃下去呢？我们的育婴师积累了一些给宝宝顺畅喂药的经验，在这里给父母们分享一下。

这样给新生儿喂药

1个月内的新生儿味觉反射发育尚未成熟，对药物不良味道刺激不敏感，所以应先把奶瓶清洗干净、消毒好，然后把药物研成粉末，放入奶瓶中，加入适量的温水来回摇晃，将药物溶解后盖上奶嘴，再给宝宝喂药。这个方法对大多数的新生儿都有效。

也可使用买药时附带的滴药塑料滴管喂药。方法为：把药物研成粉末，加温水溶解后，用滴管吸入药物，然后放入宝宝口中，慢慢滴在宝宝的牙床和口腔颊黏膜之间，等宝宝咽下一口再继续滴。如果宝宝出现呛咳，要立即停止喂药，并抱起宝宝，轻轻拍打他的背部，以防药液呛入气管。

有的爸爸妈妈习惯于把药物和母乳或配方奶混合在一起，然后喂给宝宝。这种方法不可取，因为这样不仅影响药物疗效，还有可能影响宝宝食欲，甚至导致厌奶。

另外，如果医嘱没有特殊要求，一般在两餐之间给宝宝喂药比较好。最好不要空腹喂药，因为药物可能会对宝宝的胃肠黏膜造成刺激。也不要在吃奶后或饭后喂药，以免宝宝哭闹而导致呕吐。

婴幼儿这样喂药

婴幼儿的嗅觉和味觉都很灵敏，很容易把药物辨认出来，然后用舌头顶出或吐出来，很难喂进去。这时，爸爸妈妈要多一些耐心，可事先准备宝宝喜欢吃的东西，或糕点、糖糕等，等宝宝吃了药后及时奖励，消除宝宝对吃药的恐惧。

现在，看看我们育婴师是如何给宝宝喂药的。

1 "果酱夹心"法：在小勺里放点儿果酱，然后把研成粉末或小颗粒的药物放在果酱上面，再用一层果酱盖住药物，然后喂给宝宝。或者把药物夹到宝宝喜欢吃的食物里，诱导宝宝自己吃，让宝宝不知不觉中吃入药物。

2 喂药器法：把液体药物放入喂药器的管筒里，然后把喂药部分轻轻放入嘴巴里，慢慢推，一点点地把药物推进宝宝的嘴里，等宝宝咽下时再推下一口。注意速度不要太快，以免发生呛咳。

3 灌药法：宝宝不配合吃药时，则需要灌药。方法为：一人将宝宝抱起，让宝宝半躺在自己的身上，头部抬高，同时大腿夹住宝宝的双腿，一只手固定好宝宝的双手；另一个人一手拇指和食指稍微用力按住宝宝的两颊，使

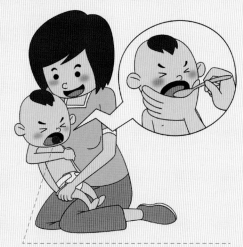

把盛有药液的汤匙，放在上下牙之间，让宝宝咽下药液，如果喂了立即取走，宝宝会把药液顶出来。

宝宝嘴巴张开，然后将盛有药液的汤匙放在上下牙之间，直到将药液咽下为止，再取出勺子，接着喂下一勺。注意：喂药过程中一旦发生呛咳，要暂停喂药，应先把宝宝抱起，轻拍背部，呛咳停止后让宝宝休息 10 分钟左右再喂药；喂完药后，仍需把宝宝竖直抱起，轻拍后背，排出胃部的空气，这样能防止药液吐出。

不同药物的服用注意事项

药物类型	注意事项
止咳药	• 服用药物后不宜立即喝水，以免降低药效；建议服药 30 分钟后再给宝宝喝水 • 多种药物同时服用时，止咳药要最后服
阿司匹林、红霉素等	这些药物对胃黏膜有刺激，要避免在宝宝空腹时喂药
退热药	服药后多喝水，有助于药效的发挥和疾病的痊愈
硫酸亚铁等对牙齿有染色作用的药物	• 给小宝宝喂药后要多喂些白开水 • 较大的宝宝可用吸管吸入，避免和牙齿直接接触，服药后要立即漱口
鱼肝油	可直接将药物滴入口中，然后喂些白开水

聪明宝宝潜能开发

好玩的"荡秋千"，促进平衡器官发育

宝宝从出生前就已经习惯了在妈妈的肚子里荡来荡去的感觉，在4~6个月他练习翻身的阶段再给他荡秋千，能让他体验到与妈妈肚子里不同的感觉。在荡秋千时，在我们看不见的地方，他需要调整自身平衡来适应荡秋千的幅度，这对锻炼宝宝平衡器官发育很有好处。荡秋千时，爸爸妈妈念荡秋千的儿歌，能加深宝宝的记忆。

用浴巾荡秋千

把浴巾铺在床上，让宝宝躺在中间，爸爸妈妈各拿着浴巾的两个角，抬起浴巾缓慢向左右摆动，让宝宝在浴巾里荡秋千。在荡秋千的同时，爸爸妈妈一起念荡秋千的儿歌。

荡秋千的注意事项

1 荡秋千的游戏宜安排在宝宝清醒、精神状态好时进行。宝宝吃奶后1个小时内不能玩荡秋千的游戏，以防他吐奶。也不要在睡前玩，因为荡秋千的游戏可能让宝宝兴奋而睡不着。

2 爸爸妈妈一定要抓牢浴巾，如果感觉自己手滑了有点儿抓不住，一定要先停下来，调整好之后再继续。

3 刚开始时，幅度要小，速度要慢，以3~5秒荡一个左右来回，反复5~6次后，

如果宝宝没有不适反应，再慢慢增加变动的幅度。如果宝宝哭闹，或者尿了、吐奶了，就要立即停止。

荡秋千儿歌
一二三，三二一，
小宝宝，荡秋千，
荡过河，荡过山，
一荡荡到白云边。

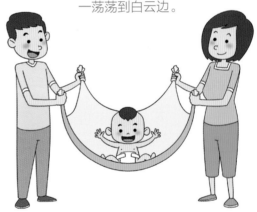

育婴师经验谈

刚开始给宝宝荡秋千，他有可能觉得好玩而咯咯笑，也有可能害怕而哭闹。当宝宝哭闹时，爸爸妈妈要立即停止游戏，先把宝宝抱起来安慰。等宝宝不哭了之后，妈妈可以用手机放一两首舒缓的音乐，然后抱着宝宝左右来回晃动，一面晃动一面跟宝宝说："这也是荡秋千，刚才那也是荡秋千，要不要尝试刚才那种荡秋千？"接着再尝试。

小手摸一摸，体验不一样的感觉

每天在宝宝的小手上放不同的东西，让他摸一摸，抓着玩，可促进他的触觉发展。从小就让他接触不同的物品，对他今后的认知能力发展也很有好处。

准备物品：小布条、小海绵条、塑料小勺子、瓶盖等。

游戏方法：

1 爸爸抱着宝宝，与妈妈面对面坐着。

2 妈妈将游戏用的物品放在盒子里，用布盖住，然后放在宝宝的面前，跟宝宝说："猜猜里面是什么呢？"以吸引宝宝的注意力。

3 爸爸握住宝宝的一只手，一起掀开盖住盒子的布："我们看看里面到底有什么好东西。"

4 妈妈把小布条放到宝宝的手边，让他自己抓握，然后跟宝宝说："小布条，小手摸一摸。"依次给宝宝抓握小海绵条、塑料小勺子、瓶盖等。

5 当宝宝抓握了你给他的物品后，要亲一亲他，表示鼓励。

逗引学发声，逐步积累语音经验

4~6个月的宝宝不仅会用哭声来向大人要东西，去他想去的地方，还能模仿一些简单的音节，如做出"ma"的口型。这时，爸爸妈妈应每天跟宝宝说说话，在他面前张大嘴巴发声，引导他模仿，帮助他逐步积累语音经验，促进他的语言能力发展。

游戏方法：妈妈拿一个色彩鲜艳、带响的玩具，在宝宝面前一边摇一边说："拿（na）！"反复跟宝宝说，而且要张大嘴巴，让宝宝看到你的口型，发音时要降低语速，让宝宝听清楚，引导宝宝发出"na"音。或者拿着爸爸的照片，跟宝宝说："爸爸！"宝宝拍打玩具时，跟宝宝说："打！"

育婴师经验谈

刚开始进行发声游戏时，宝宝可能一直看着你但就是不发音，这时爸爸妈妈不要着急，多一些耐心，每天坚持训练，即使他没有跟着发音，但反复的训练会加深他的印象，当听到别人说这个音时，他会注视或回头。

追踪小火车，帮助宝宝看得更远

4~6个月的宝宝具有视觉分辨能力，能主动观察事物，开始喜欢看移动的物体。在这个阶段，每天让宝宝视觉追踪移动的小火车或其他滚动的物体，可有效锻炼他视觉追踪以及远近视焦距的调焦能力。

准备物品：电动小火车或发条小动物。

游戏方法：

1️⃣ 爸爸抱着宝宝坐在沙发上，妈妈在离宝宝1~2米的地方，用小火车吸引宝宝的注意力："宝宝，快看，小火车。"

2️⃣ 当宝宝把注意力放在小火车上时，启动小火车，使小火车缓慢朝着宝宝方向移动。

3️⃣ 当小火车到宝宝跟前后，爸爸掉转小火车方向，使小火车朝着妈妈的方向移动。用同样的方法让宝宝追着看发条小动物。

听动物的叫声，丰富宝宝的听觉世界

4~6个月的宝宝有一个爱好——听音乐，并有了节奏感。爸爸妈妈每天固定一个时间给宝宝听有各种动物叫声的音乐，可强化声音对宝宝的刺激，加深他对各种动物叫声的印象，丰富他的听觉世界。

游戏方法：每天上午加餐后，或下午宝宝午觉醒来30分钟后，给宝宝播放有各种动物叫声的音乐。听音乐时，当有小猫、小狗或大公鸡、小鸭子等动物的叫声，妈妈可以模仿给宝宝听。

音乐推荐——怎样叫

大公鸡呀怎样叫	小鸭子呀怎样叫	老黄牛呀怎样叫
小朋友们谁知道	小朋友们谁知道	小朋友们谁知道
我知道大公鸡这样叫	我知道小鸭子这样叫	我知道老黄牛这样叫
喔喔喔喔喔喔	嘎嘎嘎嘎嘎嘎	哞哞哞哞哞哞
天亮了	往前跑	要吃草
		哞哞

第四章

7~9个月：先坐后爬，学站立

- 不要让玩具伤害了宝宝的健康
- 给宝宝创造一个安全的活动场所
- 宝宝爬行，顺其自然 ◎ 从小训练
- 宝宝会坐了，开始训练他使用便盆
- 宝宝还不会走路，要不要给宝宝穿鞋呢
- 让宝宝爱上辅食，逐渐淡化宝宝对母乳的依赖
- 和宝宝一起在餐桌前吃饭
- 入睡后出汗多，是缺钙造成的吗
- ……

宝宝成长测试

母乳喂养 7~9 月龄宝宝体格发育参考

性别	月龄	体重（千克）[1]	身长（厘米）	头围（厘米）	体质指数
男宝宝	7 月	8.30 ± 0.11	69.2 ± 2.1	44.8 ± 1.3	17.3 ± 1.45
	8 月	8.62 ± 0.11	70.6 ± 2.1	45.3 ± 1.3	17.3 ± 1.45
	9 月	8.90 ± 0.11	72.0 ± 2.1	45.7 ± 1.2	17.2 ± 1.40
女宝宝	7 月	7.64 ± 0.12	67.3 ± 2.2	43.6 ± 1.2	16.9 ± 1.55
	8 月	7.95 ± 0.12	68.7 ± 2.2	44.1 ± 1.3	16.8 ± 1.50
	9 月	8.23 ± 0.12	70.1 ± 2.2	44.5 ± 1.3	16.7 ± 1.50

7~9 月宝宝智能发展

领域能力	7 月	8 月	9 月
大动作能力	• 想坐起，能独立 10 秒以上 • 俯卧时一只手支撑抬起胸腹部，另一只手拿玩具 • 用上肢和腹部匍匐爬行	• 能自己坐下、躺下 • 四周爬行 • 扶着成人的手能站立，站立时一只脚会放在另一只脚上	• 坐姿更稳、更熟练 • 能自己扶着栏杆站起来 30 秒钟 • 扶着大人的双手能向前迈 3 步以上
精细动作能力	• 两手拿玩具相互敲打 • 用前 3 根手指抓东西	• 一手拿一件东西 • 手指弯曲耙开沙子	• 用拇指、食指对捏小东西 • 开抽屉取玩具
语言能力	懂得少部分发音，跟他要东西时会给	听到"妈妈""爸爸"时转向妈妈、爸爸	听懂成人简单的语言并做出回应
认知能力	能够初步感知物体的形与数，区分大小与多少	具备视觉上的直觉思维能力	• 偏爱运动中的物体 • 有目的地看某一样东西
情感与社交能力	• 爱哭，容易发脾气 • 固定依恋于照顾他的人	更加依恋妈妈，对陌生人躲避开始明显	• 区分愉快与伤心等表情 • 不喜欢的事会转头不看

[1] 根据 2006 年世界卫生组织推荐的母乳喂养《5 岁以下儿童体重和身高评价标准》为参照，宝宝的体重计算公式为：6~12 月婴儿体重（kg）= 该月龄 ×0.29+6.2（kg）
以 2005 年中国九城市七岁以下不确定喂养方式儿童体格发育调研测值为参照值，宝宝的体重计算公式为：6~12 月婴儿体重（kg）= 该月龄 ×0.29+7.0（kg）

不要让玩具伤害了宝宝的健康

合适的玩具可以帮助宝宝锻炼动手能力，促进潜能开发。但是，宝宝7个月大以后，喜欢把玩具放在嘴里吃，或者玩完玩具就吃手，爸妈需要做的是选对玩具，并经常清理、消毒玩具，让宝宝玩得放心。

选对玩具很关键

1. 购买合格产品

给宝宝买的玩具必须是正规厂家生产，标注有生产日期、质量合格证等信息的。

2. 玩具要制作精良

给宝宝买玩具时，爸爸妈妈需要反复检查：玩具上的小部件、边角是否尖利，表面是否有掉漆现象，是否有扣子、细绳、丝带或其他宝宝能拽下来塞进嘴里的东西，毛绒玩具是否有掉毛的情况等。

3. 玩具要适龄

在玩具的外包装通常标注"适合X月以上"或"适合X岁以上"字样，可以作为选择玩具的参考，不能购买"3岁以上年龄段"的玩具给3岁以下的儿童使用。选择符合该年龄段儿童生理心理发育特点的玩具，才能最大限度地发挥玩具的作用，促进宝宝的智力开发。

经常给宝宝的玩具做清洁

1. 塑料玩具的清洁方法

用干净的毛刷蘸取宝宝专用的奶瓶清洁液刷洗玩具的各个部位，尤其是角落和衔接部位，然后放入加有清洁液的水浸泡20分钟，再用清水冲洗干净，用干净的毛巾擦干。如果是需要装电池的玩具，不能用水泡的，可用医用酒精擦洗表面，然后用干净的湿布擦洗2~3次，再晾干。

2. 布艺玩具、毛绒玩具的清洁方法

不需要放电池的玩具可放入加有清洁液的水中浸泡，然后清洗干净，放在阳光下暴晒。如果是装电池的，需要先将电池、电池盒拆出再清洗。如果电池盒不能拆出，可用毛刷蘸水清洗表面，然后放在阳光下暴晒。

3. 木质玩具的清洁方法

用医用酒精擦洗表面，然后用湿布擦洗2~3次，再擦干就可以了。

给宝宝创造一个安全的活动场所

宝宝7个月大时翻身动作已经相当灵活了，到8~9个月时他不仅能自己坐起来，还能扶站，到处爬，活动空间越来越大。这时爸妈需要做的事情就是给宝宝创造一个安全的活动场所，让宝宝自由活动。

客厅、卧室的安全

1 经常用吸尘器对整个屋子进行"地毯式搜索"，把那些小的、不容易被发现的小东西清理掉，如硬币、别针、小珠子、纽扣等，以防宝宝发现了吃进嘴里或被别针扎伤。

2 电视机、DVD机等比较重的电器，要远离桌边，避免跌落。所有家用电器的电线应该缩到最短，不用时一定要拔掉插头，把电线收好。可以使用安全电线夹，将灯具或其他用具的多余线缆卷起，这样可以避免宝宝拉扯而受伤。

3 尽量使用安全插座，不使用时最好用插座套或绝缘胶布将插孔遮盖起来，以防止宝宝将手指伸进电源插孔里。

4 书架最好能与墙固定，以免宝宝试图沿着它"爬楼梯"时，把整个书架拽倒而被砸。桌子上的书要堆放整齐，并靠里，避免书跌落砸到宝宝。

5 使用安全门塞，防止风把门刮上时，宝宝的手被夹。每个屋都要有一把备用钥匙放在客厅，以防宝宝误把自己反锁在屋里。

6 窗帘和百叶窗的绳索要收高、打结，让宝宝够不着。宝宝抓住绳索玩耍时，很容易使手指、胳膊甚至脖子被缠绕住而发生意外。

7 阳台的栏杆要足够高、缝隙要足够窄，不要摆放凳子等可供宝宝攀爬登高的东西，也不要种有毒、有刺的植物。

8 卧室里床单要掖起来，放入褥子下，不要拖地，以免绊倒宝宝。

9 樟脑球最好粘在衣柜里的上方，让

宝宝够不着，防止宝宝翻出来误食。

10 室内所有的桌角、茶几等家具的边缘、尖角，要加上装有弧角的防护垫，以免宝宝摔倒时碰伤。桌上，尤其是比较矮的茶几上，不要放剪刀、水果刀、玻璃瓶、打火机等危险物品，也不要放热水。

厨房里的安全

1 餐桌上最好用固定的餐桌垫，不要用桌布，因为宝宝拉桌布时，桌上的东西容易被拽倒而扎伤或烫伤宝宝。如果家里使用的是桌布，不想更换，注意不要将温度高的食物和饮料放在铺有桌布的桌子上，以防宝宝抓住桌布往下拽而发生不必要的烫伤。

2 避免让宝宝靠近灶台，洗洁精、刀具、碗筷、储藏物品的玻璃容器等放在宝宝够不着的地方或者锁到碗柜、抽屉里。

3 电饭锅、微波炉等电器的电线尽可能不要拖在地上，以免把宝宝绊倒；也不要搭在桌边，以防宝宝拉拽。

4 不管是蔬菜或水果的透明塑料包装，还是垃圾袋或购物的塑料袋，如需保存，应

放在隐蔽处，以免宝宝蒙在脸上引起窒息。

5 一旦有东西被打翻，应立刻擦干净，以免宝宝好奇，抢先赶到而滑倒。

6 不要让宝宝坐在厨台上，除了可能跌落之外，他也可能探身而过，抓到危险的东西。绝对不可以留宝宝独自在厨房内。

厕所、浴室里的安全

1 消毒液、洗衣粉、漂白粉、化妆品、剃须刀、肥皂、浴液等都要放到宝宝够不着的地方。

2 浴室电器，如吹风机、卷发器等，用完后务必拔掉电源，以防宝宝误开而出现烫伤。

3 每次使用完浴室后，需立即擦干地上残留的水渍。可开启排风扇，以便快速将浴室内的水汽抽干。浴室门口一定要铺一块防滑脚垫，以免宝宝摔倒。

4 在浴室门较高的位置安装一个插销锁，不用浴室的时候把它锁好，避免宝宝独自进入发生危险。确保浴室的门能从外面打开，以免宝宝被反锁在里面。

宝宝爬行，顺其自然 or 从小训练

宝宝8个多月了还不会爬，是顺其自然，还是从小训练，辅助引导他爬行？你是哪一派？

顺其自然派 ········· **PK** ········· 从小训练派

宝宝该会什么的时候自然就会了。如果还不会，说明他还没有具备那个能力，提前训练很可能拔苗助长，所以不要过多地对宝宝的成长发育进行干扰。

爬行是宝宝发育的一个重要阶段，对后边的站立、行走，以及大脑的发育，都有着重要的影响。研究发现，经历过爬行阶段的宝宝，平衡能力和身体的协调性相对要好。所以到相应的月龄，宝宝还不会爬，就需要对他进行训练了。

　　顺其自然或从小训练，并不是一个对立的问题。对于宝宝学习爬行，我们育婴师的建议是辅助引导但不强迫。大部分的宝宝在7~8个月时学会爬，但有的宝宝到了8个多月还不会爬，这时爸爸妈妈就要用正确的方法进行辅助引导。常用的方法有3种。

　　① 让宝宝趴在铺有垫子的地上或床上，妈妈在前面牵着宝宝的右手，爸爸在后面推宝宝的左脚，然后妈妈牵宝宝的左手，爸爸推宝宝的右脚，对称练习。

　　② 让宝宝趴在床上，用毛巾裹住宝宝的胸腹部，爸爸轻轻将毛巾提起，使宝宝的胸腹稍微离开床面，然后妈妈用手轻轻推宝宝的左手、右脚，当宝宝向前爬了一步后，再推宝宝的右手、左脚，轮流进行。

　　③ 将地板清理干净，拿开一切危险物品，然后铺上垫子，在垫子的四周放上宝宝喜欢的玩具，然后让宝宝趴在垫子上，任宝宝自己想办法去拿玩具。刚开始宝宝可能手脚并用地向前蹭，坚持训练一段时间，他就能用手脚支撑起身体向前爬了。

宝宝会坐了，开始训练他使用便盆

宝宝8个月大时，通常能自己坐稳，这时可以开始训练他使用便盆了。

选择合适的便盆

给宝宝选择便盆，我们育婴师的建议是选择样式简单可爱、经济实惠的，最好有椅背，宝宝坐在上面比较安全，而且便盆与椅子可以拆开，比较容易清洁。

爸爸妈妈总是想给宝宝最好的，一些商家抓住爸妈的这种心理，推出豪华型带音乐的便盆，但我们的育婴师不建议选择这一类型的，因为音乐会把宝宝的注意力吸引过去，使正在大小便的宝宝分心，不认真大小便了。

正确训练宝宝使用便盆

在宝宝还未能清楚地表达自己大小便的需求前，爸爸妈妈需要观察宝宝大小便需求。当发现正在玩耍的宝宝突然停下来，出现脸红、瞪眼、凝神等神态时，就把他抱到便盆上，并用"嘘嘘"或"嗯嗯"的发音引导他大小便，使他形成条件反射。

也可以把宝宝的便盆放在马桶旁边，每次宝宝上厕所时，跟宝宝说："看，妈妈坐大马桶，你坐小马桶！"时间久了，可帮助宝宝形成大小便要在便盆上完成的意识。

训练宝宝使用便盆的注意事项

1. 尊重宝宝的意愿

宝宝能坐在便盆上自己大小便，一般是1岁甚至1岁半之后的事情。所以一开始训练时，只要宝宝不愿意，就不要勉强他，可以稍微延迟训练的时间。

2. 把便盆放在明亮的地方

宝宝的便盆应放在明亮的地方，或放在卫生间的马桶旁边，不要放在黑暗处，以免宝宝怕黑而拒绝坐盆。

3. 让宝宝专心大小便

每次训练宝宝使用便盆时，避免让宝宝一面玩玩具一面上厕所，让他从小养成良好的卫生习惯。

4. 及时清理宝宝的尿便

宝宝每次在便盆里大小便后，要马上清理，并彻底洗干净便盆，还要定时消毒。消毒的方法：准备一把刷子专门用来洗宝宝的便盆，每次消毒时，用刷子蘸取消毒液刷洗便盆，用清水冲洗干净后，放在阳光下晾晒。

育婴师经验谈

宝宝不喜欢便盆时，爸爸妈妈不要着急，要耐心引导。可以让他看着妈妈上厕所，或是拿厕所训练用的图画书、录像带，让他看看里面的小朋友上厕所的情形，宝宝会自己模仿。每次宝宝使用完便盆后，爸爸妈妈都要称赞、鼓励他："宝宝真棒，可以自己用便盆大小便了，真是个讲卫生的好宝宝！"

要不要给宝宝穿鞋呢

总是看到电视里或者网图上的外国宝宝光着脚丫子，也有的帖子宣传宝宝 1 岁以内不要穿鞋子。在宝宝扶站时，他的小脚丫子要接触地面了，要不要给他穿鞋子呢？

关于宝宝穿不穿鞋子的问题，我们的育婴师给了 3 条建议。

① 天气比较暖和时，可以只给宝宝穿袜子，不穿鞋，但要把家里的地板清理干净，地板上不能有任何尖锐物，以免宝宝站立时踩到。

② 天气凉了，或者家里是瓷砖地面的，需要给宝宝穿上鞋子以保暖。

③ 在带宝宝外出时，一定要给宝宝穿上鞋子，因为外面的卫生、安全等都得不到足够的保证，而鞋子能在宝宝站立时保护他的小脚，避免石子、树枝等的伤害。

如何给宝宝选一双舒适的鞋

给宝宝买鞋，一定要带宝宝去买，根据宝宝脚的大小、肥瘦、足背高低等选择合适的鞋码，然后再给宝宝试穿。

育婴师特别提醒各位爸爸妈妈，不要迷信鞋码。成人的鞋子可能选固定的码数都可以了，但是宝宝成长发育有差异，脚的胖瘦、足背高低都会影响到鞋是否合适。例如 25 码可能适合 3 岁左右脚比较瘦的宝宝，但脚胖的宝宝可能就穿不进去了。

给宝宝试鞋的方法

第1步
新鞋通常比较紧，在宝宝试鞋之前爸爸妈妈先用拇指、食指轻轻地把鞋子往两边撑一下。

第2步
宝宝穿上鞋后，让他脚后跟紧贴在后鞋帮，然后用手指轻压鞋尖，如果感觉有一指宽的富余就合适。

第3步
把手指伸进鞋和宝宝脚丫的缝隙中，顺着鞋的边缘转一圈，如果很难前进，说明鞋子有些紧，如果感觉宽松，先把鞋带和粘扣调紧，达到手指感觉宽度刚好为止。

第4步
让宝宝原地蹬腿，如果脚后跟总是露出来，说明鞋子大。宝宝会走以后，让他穿着鞋子走几步，如果掉脚后跟，说明鞋子大。如果宝宝蹬腿或走路的姿势比较笨拙，说明鞋子太沉或太硬。如果宝宝表现得跟没穿鞋一样，说明鞋子重量合适。

如何给宝宝网购鞋

网络时代，很多妈妈都喜欢网购围货。那么怎么给宝宝网购鞋呢？

第1步：测量宝宝的脚长和脚宽。宝宝的两只脚可能会有略有差别，所以两只脚都要测量，以长的或宽的那只为准。

第2步：打开购物页面，看页面上的鞋长、内长、鞋内宽等数据，然后对比宝宝的脚长、脚宽，加上空余量进行选择就可以了。鞋内长 = 脚长 + 空余量，春、夏、秋款空余量一般为0.5厘米，冬款为1厘米。

第3步：收货后，按照上面的方法给宝宝试穿，合适的就留下，不合适的可以送给需要的亲朋或退货。

给宝宝选鞋需要注意的问题

不论是带宝宝到商场买鞋，还是网购，都要注意以下问题。

1. 最好应季买鞋

有时商场或网站上搞活动，有反季促销，打折力度比较大，这让很多妈妈心动。我们育婴师的建议是，最好应季买鞋，不要囤反季的货。因为宝宝的脚长得很快，在囤货时只能凭猜测到时候宝宝穿多大码数的鞋，而码数只是作为参考，宝宝的脚胖瘦、长宽都会存在差异，很可能会出现囤的货不适合的情况。

2. 大小要合适

宝宝的鞋子要大一些，让前面的脚趾有活动的空间，但也不能达到几乎宝宝稍

如何给宝宝测量脚的长、宽

1. 先准备一张白纸和一支笔。

2. 让宝宝赤脚轻踏于白纸上。

3. 在脚趾最长处点上一点，然后脚跟点上一点，最后直线距离测量（这个就是脚长）。

4. 在脚左右最宽处分别画点，然后直线距离测量（这个是脚宽）。

育婴师建议给宝宝买合适的鞋子，一般宝宝脚的净长加大1厘米（冬天加大1.5厘米）就为比较合适的尺码。

微一抬脚就露脚后跟。

3. 鞋底不宜太软

鞋底应有一定的硬度，不宜太软，以鞋子的前1/3可弯曲、鞋跟周围不易弯曲为佳。

4. 不要买塑料凉鞋

夏天给宝宝买凉鞋，尽量不要买塑料的，因为塑料的容易变形、传热。建议买棉布材质的鞋。

5. 每隔一段时间检查

宝宝的脚长得快，妈妈每隔3~4周就要摸摸宝宝的鞋子，看下适不适合宝宝的脚的大小。如果摸到宝宝的脚尖顶住鞋尖了，就要给宝宝换大一号的鞋。

宝宝最佳喂养方案
逐渐淡化宝宝对母乳的依赖

母乳依赖的表现，你的宝宝有吗

◎发脾气或情绪不好时，需要吃母乳才能安静下来。

◎每次睡觉前都要吃母乳，不吃母乳很难入睡。

◎夜间醒来需要吃母乳，如果吃不到母乳就会哭闹。

◎依恋乳头，即使没有吸吮也要含着乳头，一取出来就哭闹。

虽然1岁以内的宝宝食物仍然以奶类为主，但从这个月开始，妈妈要有意识地逐渐淡化宝宝对母乳的依恋，为之后的断奶做好准备。

让宝宝逐渐爱上辅食

我们的育婴师在工作中发现，从宝宝7个月大开始，母乳喂养的时间固定下来，在每天的早晨6点、下午1点、晚上睡前喂母乳，上午11点、晚上6点宝宝饿时，让他吃些蔬菜粥、烂面条、鱼泥、肝泥、动物血等辅食，让宝宝爱上辅食，这样他就不会只恋母乳了。

● 蔬菜鸡肉粥

不能用吸吮的方式让宝宝安静

宝宝 6 个月以后，开始懂得妈妈是自己最亲近的人，妈妈温暖的怀抱和暖暖的乳汁是安慰剂，能让他感到安全，感情上得到极大的满足，所以宝宝情绪急躁、哭闹时，通常会寻找妈妈的乳房，想吃奶。一般母乳喂养的妈妈也习惯在宝宝烦躁、哭闹时用喂奶的方式进行安抚，久而久之会加剧宝宝对母乳的依赖。所以，想减少宝宝对母乳的依赖，妈妈要"狠心"，不要宝宝一哭闹就喂奶。

当宝宝哭闹时，你可以把他抱起来，让他的头部靠在你肩膀上，然后轻轻抚摸他的后背，并来回走动，让宝宝有摇篮的感觉，当他感到你的关心和爱意时，会慢慢安静下来。或者用玩具吸引他的注意力，让爸爸跟他一起玩游戏，暂时分散他对母乳的关注。

不要让宝宝含着乳头睡

有的宝宝比较难入睡，妈妈习惯了让他含着乳头吸吮，然后慢慢入睡。或者半夜醒来后宝宝不睡觉，需要含着乳头玩一会儿才能入睡。这种习惯很不好，不仅极易造成宝宝对乳头的依恋，而且还容易导致宝宝呼吸不畅、影响牙床的正常发育等不良后果。

如果宝宝之前已经养成含住乳头睡的习惯，妈妈就要下定决心帮他戒掉。我们育婴师在工作中也遇到过这种情况，试用

了一些方法：

1 首先要纠正妈妈的行为，改掉之前宝宝半夜醒后不睡觉就让他含乳头的习惯。

2 每天晚上宝宝睡觉之前喂母乳后，如果宝宝已经不再吸吮，就要把乳头取出。如果宝宝哭闹，妈妈需要下定决心，不迁就宝宝的行为，可有节奏地轻轻摇晃他或轻拍他，让他感觉到安全，慢慢入睡。

3 让宝宝自己睡小床，不让妈妈养成抱着宝宝入睡的不良习惯。如果宝宝夜间醒来需要吃奶，喂完奶后进行拍嗝，然后就应把宝宝放回小床，不再对宝宝说话，也不跟宝宝玩耍，让他先自己睡觉。如果宝宝不能自己入睡，妈妈需要守在宝宝的床边，有节奏地轻轻拍他，帮助他入睡。

不得已的暂时隔离

如果宝宝对母乳依恋程度比较重，不妨试试"残忍"的暂时隔离法——妈妈在非哺乳时间出门，哺乳时按时回来喂奶。刚开始时宝宝可能不适应，但在家人的关心和爱意之下，他会慢慢形成到点才能吃母乳的意识，有助于减少其他时间的母乳喂养次数。

配方奶粉喂养和辅食添加时间安排

虽然 7~9 个月的宝宝可以尝试的辅食种类增多，但每天的配方奶奶量仍然要保持在 800 毫升左右，一般不超过 1000 毫升。7~9 个月的宝宝 1 天一般需要吃 3 次奶，育婴师建议人工喂养的宝宝最好按时喂养，把喂奶的时间大致固定在早晨 6 点、下午 2 点、晚上 10 点，上午 11 点左右、下午 6 点则喂给宝宝辅食，让宝宝逐渐过渡到中午、晚餐吃辅食的用餐模式。

继续添加新的辅食

7~9 个月的宝宝大部分萌出 2~4 颗牙齿，这时要继续给他尝试新的辅食，帮助他认识更多的食物。

7~9 个月宝宝辅食喂养安排

月龄	特点	辅食安排
7 个月	牙齿萌出，咀嚼能力逐渐增强	• 增加半固体食物，如煮得比较烂的粥、面条，可以做成豆腐粥、鸡蛋粥、鱼粥、肉末粥、肝末粥等，1 天 1 次 • 将香蕉、水蜜桃、草莓、葡萄等水果磨碎成泥，或把苹果、梨等用小勺刮碎给宝宝吃 • 给宝宝吃一些手指饼干、馒头或切成条的胡萝卜，以练习他的咀嚼能力和小手抓握能力
8 个月	• 母乳分泌减少，质量也逐渐下降，开始做断奶准备 • 宝宝消化道内的消化酶已经可以消化蛋白质	• 辅食的次数为 2~3 次，安排在上午 11 点、下午 6 点，母乳不足的妈妈还可以在 3~4 点安排一次 • 给宝宝添加的辅食种类应更丰富，奶类、豆制品、鱼肉、肉末、动物肝脏、动物血、鸡蛋、碎菜、烂面条、稠粥等都是不错的选择 • 蔬菜的种类也要增多，如西红柿、卷心菜、小白菜、胡萝卜、菠菜等
9 个月	长出 3~4 颗乳牙，有一定的咀嚼能力，消化能力也比以前增强	• 可安排早晨 8 点、中午 12 点、下午 6 点 3 顿辅食，白天逐渐停止母乳喂养或配方奶 • 适当添加一些较硬的食物，如碎菜叶、面条、软饭、瘦肉末，也可以在稀饭中加入肉末、鱼肉、碎菜、土豆、胡萝卜、鸡蛋等 • 开始在上午 10 点、下午 3~4 点加餐，适合加餐的食物有饼干、馒头片、面包等固体食物，以及水果 • 经常便秘的宝宝，建议多给他喂菠菜、胡萝卜、红薯、土豆、南瓜等膳食纤维丰富的食物

给宝宝吃全蛋羹

宝宝 6 个月大时，循序渐进地给他添加蛋黄，等他接受蛋黄的味道后，在 8 个月大时可以让他尝试吃全蛋羹。全蛋羹的做法：将鸡蛋磕入碗中，搅散，按照 1 个鸡蛋加半碗水的比例加入冷开水，然后隔水蒸至蛋液凝固。

刚开始给宝宝吃全蛋羹时，要注意观察宝宝是否存在过敏的现象，如皮肤发红、起疹子、腹泻、发热等。如果出现过敏，要立即带宝宝去医院就诊。若没有出现过敏，等宝宝适应蛋羹后，可在蛋羹里添加菜泥、果酱等"调料"，让他的辅食变得更加丰富。

育婴师经验谈

宝宝在 8 个月大时需要接种麻疹疫苗，接种的医护人员通常会提前告知妈妈，在接种疫苗前给宝宝吃全蛋羹，看他是否出现过敏反应。如果出现过敏反应，医护人员会给宝宝接种的疫苗类型进行调整。

和宝宝一起在餐桌前吃饭

让宝宝上桌吃饭，他总是会用小手去够他感兴趣的食物，有时还抢小勺子去戳饭菜，还想自己用勺子吃饭，弄得餐桌上、自己身上都是饭菜，真是让人无奈！

宝宝会坐之后，爸爸妈妈可以给他准备儿童餐椅了，每次吃饭让他坐在自己的餐椅里，放在餐桌旁边，全家人一起吃饭。

宝宝餐位和餐具需固定

给宝宝准备一个婴儿专用餐椅，放在餐桌边上固定的地方，让宝宝坐在上面吃饭，同时还要准备一套儿童餐具，每次吃饭时都用它，让宝宝一坐到这个地方，一看到餐具，就知道要吃饭了。

选择合适的婴儿餐椅

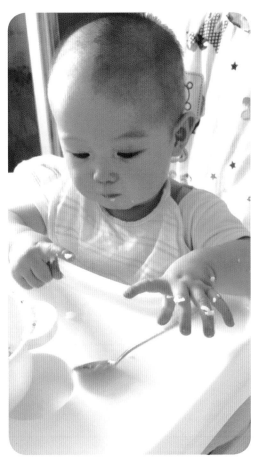

1 给宝宝选择餐椅，安全性排在第一位。在购买时，可用手和上半身的重量压在座椅上，看餐椅的脚是否平衡、来回滑动。还要注意观察餐椅坐垫和挎带的质量。

2 最好选择可调节高度和后背的，可根据宝宝的高度自由调节，让宝宝前后都伸展自如。

3 注意检查餐椅的边缘，尤其是放置餐具、背靠的位置，不能有尖锐的凸起，不能有毛刺，表面没有涂油漆。

给宝宝选购一套合适的餐具

1 选择正规厂家生产、口碑好的品牌产品，知名品牌经过了国家相关部门的检查，材质相对安全。

2 选择方便实用、外观浑圆的，这样的餐具不容易让宝宝被餐具的棱角划伤。育婴师建议选择底座带吸盘的碗，可吸附在桌面上不会移动，不容易被宝宝打翻。

● 鲜艳的图案能勾起宝宝吃饭的兴趣，但给宝宝买的餐具，最好选择图案应在餐具外面的。

3 如果给宝宝买塑料餐具，最好选择内壁无色、没有装饰图案的，千万不要用有气味的、色彩鲜艳、颜色杂乱的塑料餐具。

用餐前的礼仪不能少

虽然现在宝宝还不懂，但从他上桌吃饭的第一天开始，吃饭前都要对他说："要吃饭喽！让我们一起去洗洗手！"正式开始吃饭时，要对宝宝说："吃饭喽！我们要等奶奶一起吃！"这对以后培养宝宝良好的用餐礼仪和习惯都有益。

让宝宝按自己的方式进食

7~9个月的宝宝开始"不老实"了，喂饭时他常会抢勺子，或者把小手伸到碗里抓饭吃。所以每次吃饭前，都要把他的小手洗干净，吃饭时充分尊重他的意愿，让他抓饭吃，或者是多准备一个小勺，允许他把勺子插入碗中，这样他会越吃越兴奋。不用担心宝宝被烫着，因为给宝宝喂辅食之前都要把食物凉温。

育婴师经验谈

　　和宝宝一起在餐桌上吃饭，当发生宝宝抢碗、勺子，或者用勺子戳食物的行为时，千万不要呵斥他，而是向他示范吃饭的动作，慢慢引导他进行模仿。当他放弃抢碗、勺子，好好吃饭时，要及时夸奖他："宝宝真棒，吃了一大口！"愉快的用餐气氛会让他爱上吃饭，而总是被呵斥会让他不知所措。

适合 7~9 个月宝宝的辅食

豆腐蛋黄泥 适合 7 个月以上宝宝

材料： 蛋黄 1 个，嫩豆腐 50 克。

做法： 1. 蛋黄压碎，过筛；嫩豆腐隔水蒸 10 分钟，搅散。

2. 将蛋黄放入嫩豆腐中搅拌均匀就可以了。

育婴师美食经验

　　这道辅食不用额外加汤或开水，因为嫩豆腐本身含有不少水分，而且在蒸的过程中也会出水。

　　8 个月以上的宝宝咀嚼、吞咽能力进一步发展，可以把这道辅食中的嫩豆腐换成北豆腐。

菠菜鱼肉面 适合 8 个月以上宝宝

材料： 面条一小把，鲫鱼肉泥 2 小勺，菠菜少量，番茄酱 1 勺。

做法： 1. 豆腐捣碎；面条折成 2~3 厘米的小段；菠菜洗净，切碎。

2. 锅里加水烧开，下入面条、鲫鱼肉泥、菠菜，倒入 1 碗水，煮至面条熟烂，加番茄酱拌匀就可以了。

育婴师美食经验

　　宝宝 9 个月大时，面条不用煮得太烂，熟了就可以了，可以帮助宝宝练习咀嚼能力。

南瓜稀饭 适合8个月以上宝宝

材料： 南瓜 50 克，大米 20 克。

做法： 1. 南瓜去皮，洗净，切成小块。

2. 大米淘洗干净，一起放入锅中，加入适量水煮成粥。

育婴师美食经验

　　8个月大的宝宝有一定的咀嚼能力了，所以南瓜不用煮得太烂，稍微软一些就可以了，让宝宝有练习咀嚼的机会。到宝宝9个月大时，可将南瓜切成条，蒸至刚熟还稍微带点儿硬度，凉温后让宝宝用小手拿着啃，可以帮助他磨牙。

鱼蛋饼 适合9个月以上宝宝

材料： 鸡蛋 1 个，鱼肉 20 克，青菜 10 克。

做法： 1. 鱼肉煮熟，放入碗中研碎；青菜洗净，切碎。

2. 鸡蛋磕入碗中，加入鱼肉碎、青菜碎拌匀。

3. 平底锅加少许油，烧热后放入蛋液，摇晃平底锅，使蛋液摊开，用小火煎熟。

4. 盛起后切成小块，凉温后让宝宝拿着吃。

育婴师美食经验

　　宝宝1岁以后，牙齿萌出更多，咀嚼能力得到进一步提升，可以把里面的鱼肉、青菜换成胡萝卜丝、土豆丝等食物。

入睡后出汗多：不一定是缺钙造成的

宝宝入睡后出汗多 = 盗汗 = 缺钙？

很多爸爸妈妈发现，宝宝睡觉后出汗多，就以为是盗汗，担心宝宝缺钙。其实，宝宝睡觉时出汗多，大都是生理现象，不一定是缺钙。

宝宝睡觉为什么出汗多

① 宝宝新陈代谢旺盛，产热较多，而皮肤含水量多，微血管分布较多，所以睡觉后容易出汗。

② 入睡前吃奶或配方奶，被子过厚，或者室内温度过高等，都有可能导致宝宝睡觉时出汗多。

③ 宝宝的神经系统发育还不够健全，刚入睡时交感神经兴奋而引起出汗。

生理性出汗的特点

生理性出汗一般发生在上半夜刚入睡时，深睡后或者调节室温、换薄一点儿的棉被后，汗液便会逐渐消退。生理性出汗会随着宝宝年龄的增长而逐渐减少，爸爸妈妈不用过于担心。

 育婴师经验谈

宝宝睡觉时被子盖得厚的判断方法：宝宝的后背、额头出汗，而且睡得不安稳，经常翻身或蹬被子；摸一摸宝宝的手、后背，都感觉热。

宝宝睡觉出汗多的对策

1. 调节室温和换薄的被子

如果是因为室温过高导致宝宝睡觉出汗多，应开空调或电扇调节温度，但要避免直吹宝宝。若是盖得太厚，解决办法很简单，给宝宝换一床薄点儿的被子就可以了。

2. 塞上一块小毛巾

宝宝睡觉之前，在他的后背和颈部塞上一块干净柔软的小毛巾，帮助他吸汗，湿了及时更换新的毛巾，避免衣衫湿了之后反而着凉。

3. 多给宝宝喝温开水

宝宝醒来之后，要给他多喝温开水，因为出汗多的宝宝体内水分丧失也比较多。

4. 勤洗澡

每天都要给宝宝洗澡，以保持皮肤清洁，同时在出汗多的部位，如颈部、背部、腋下等涂上爽身粉。如果冬天气温低，不具备每天洗澡的条件，可用温的湿毛巾擦澡。

后半夜还多汗多是病理性出汗

宝宝出汗多，有时也可能是疾病引起的，这就要爸爸妈妈细心观察了。我们的育婴师根据医生的培训、查阅的资料以及工作中的经验，总结了几种病理性出汗的表现，详见下页表。

• 宝宝睡觉时出汗多，出现枕秃，伴有烦躁不安、睡后突然惊醒、精神不振、食欲不好等症，有可能是缺钙了，爸妈要及时带他去医院做微量元素检测。

宝宝睡觉时出汗多的原因和应对方法

出汗原因	主要表现	应对方法
缺钙	• 入睡后前半夜头部出汗多，宝宝经常摇头与枕头摩擦，结果形成枕秃 • 伴有烦躁不安、睡后突然惊醒、精神不振、食欲不好等症	• 到医院检查微量元素，确定缺钙后遵医嘱补充钙剂和维生素 D • 天气好时坚持带宝宝晒太阳，每次晒 20~30 分钟以补充维生素 D
营养不良	• 白天活动或夜间入睡后，头、胸、背部呈片状出汗 • 伴有消化不良、腹胀、腹泻或便秘等症	• 调整喂养方法，1 岁以内的宝宝以奶类为主要食物 • 注意辅食的正确添加，不要给宝宝吃不合乎他月龄和咀嚼能力的食物 • 必要时看中医调理脾胃
结核病	• 不仅前半夜出汗，后半夜及天亮前也出汗 • 白天安静时也出汗 • 伴有低热、精神不振、食欲减退、面颊潮红、咳嗽、身体消瘦等症	及时到医院做肺部 X 光检查，或做结核菌素试验，以便及时诊断、及时治疗

高热惊厥的紧急处理措施

小儿高热惊厥也称小儿抽风，多发生在 6 个月 ~3 岁宝宝身上，多表现为高热，突然发作，发作时全身或局部出现抽搐，双眼球上翻或斜视，头后仰，可伴有呼吸暂停、意识丧失、面色青紫或苍白等症状。高热惊厥持续时间比较短，一般少于 10 分钟。

高热惊厥的紧急处理

高热惊厥听起来是非常严重的病情，其实宝宝发生高热惊厥时，爸爸妈妈不知道如何处理才是最严重的事情。宝宝发生高热惊厥时，应这样处理：

第1步	第2步	第3步	第4步
立即让宝宝侧卧，不用枕头，头稍微后仰，下颌略微向前突。	用纱布清理宝宝口鼻中的分泌物，然后用手捏、压宝宝的人中 2~3 分钟。	少搬动宝宝，然后给宝宝量体温，若低于 38℃，可采取温水浴、冷敷额头、贴退热贴、酒精擦浴等方式降温；如果温度高于 38℃，让宝宝口服退热药，或使用退热栓。	当宝宝的抽风短期内得到控制，应立即就近就医。就医途中，要让宝宝颈部伸直，以保持呼吸通畅。

高热惊厥的病后观察

高热惊厥有可能第二次复发，当宝宝首次高热惊厥出院后，爸爸妈妈要在家中常备体温计、退热剂。当看到宝宝精神萎靡、食欲差，额头、手心摸起来感觉发热时，立即量体温，38℃ 左右就要给宝宝吃退热药。

🍼 育婴师经验谈

当宝宝发生惊厥时，千万不要强行撬开宝宝的口腔、把压舌板放到宝宝的上下牙之间。这样做并不能防止宝宝咬伤舌头，因为宝宝发生惊厥时，通常已经意识模糊，此时他的舌头不能吞咽，强行插入压舌板很可能造成宝宝口腔、舌头损伤。

合理营养，帮助宝宝防治佝偻病

我们育婴师在入户照顾宝宝时，总被问起宝宝缺钙会不会导致佝偻病。其实，很多家长杞人忧天了，只要平时注意宝宝的营养搭配，在保证奶量的基础上合理添加辅食，宝宝通常不会得佝偻病。如果宝宝出现佝偻病的症状，爸爸妈妈有所怀疑，就应及时就医，尽早确诊、尽早治疗。

爸妈须知：佝偻病的主要表现

不同月龄的宝宝，发生佝偻病时，表现出来的症状也不一样，详见下表。

月龄	症状
7~9个月	• 出汗多，睡觉不安稳、容易惊醒、哭闹，可见枕秃 • 方颅，前囟门增大且闭合晚，出牙晚
10~12个月	仍然没有出牙，严重的可见鸡胸、漏斗胸等
1~3岁	• 腿部畸形，即 X 形或 O 形腿，也可有脊柱侧弯、骨盆畸形，同时可有肌肉的松弛 • 出现腹部膨隆，即俗话说的"蛙腹"

佝偻病的原因及日常护理

1 维生素 D 不足是引起佝偻病的最常见原因，爸爸妈妈除了在医生的指导下给宝宝补充鱼肝油外，还可以多晒太阳，晒太阳是补充维生素 D 的最佳方法，也可以给宝宝多吃海带、虾皮、豆类、蛋黄、牛奶等食物，这些食物含有一定量的维生素 D。

2 骨骼的主要成分是钙和磷，宝宝的饮食里缺乏钙、磷，也会影响骨骼的发育，出现畸形。当判断宝宝患有佝偻病时，爸爸妈妈需要遵医嘱给宝宝补充钙、磷制剂。同时，平时要注意继续给宝宝添加辅食，让宝宝的辅食逐渐涵盖豆制品、鱼类、蔬菜、水果、肉末、肝末等，保证他的营养摄入全面均衡。

3 宝宝如果患有佝偻病，骨骼发育出现异常，要避免让宝宝久站久坐，也不要过早地让宝宝学走路，这对他骨骼的纠正和恢复不利。

4 佝偻病的宝宝体质大多虚弱，爸爸妈妈要根据天气变化给宝宝增减衣服，防止宝宝受热出汗或着凉，这些都容易让宝宝生病。宝宝生病后，胃口通常会变差，对食物的消化吸收率也不高，从而影响钙、磷等食物营养的摄入，可加重佝偻病。

5 佝偻病的宝宝容易出汗，尤其是睡觉时，爸爸妈妈要经常给宝宝擦汗，或者在他的肩膀、颈部垫一块毛巾，汗湿后及时更换。

6 避免让患有佝偻病的宝宝做跳、跑等激烈运动，以防发生跌撞，引起骨折。

宝宝总是哭闹、有血便，有可能是肠套叠

说到肠套叠，我们的一位育婴师入户照顾8个月大的妞妞时，就遇到了。刚开始，育婴师发现妞妞总是突然间大哭，哭个十来分钟左右就停了，但隔不久之后又哭。妞妞妈妈很无奈，说不知道为什么哭。育婴师感觉不对劲儿，就继续观察，发现妞妞哭的时候脸色比较苍白，额头还出冷汗，之后还吐了。一想到培训时儿科医生讲的内容，育婴师觉得应该是宝宝的肠胃出了问题，有可能是肠道疾病，就赶紧带妞妞去医院。结果一检查发现，原来是肠套叠。还好发现得早，医生对症治疗，过了几天妞妞就变得生龙活虎起来。

看了以上案例，我们不难发现，哭闹、呕吐是肠套叠的症状，除此之外，还有哪些症状可以帮助我们判断宝宝是不是肠套叠呢？得了肠套叠，生病期间和病后应该怎么护理呢？

肠套叠的主要症状

除了阵发性的哭闹、呕吐之外，肠套叠还有可能表现出以下症状。

1. 果酱样血便

肠套叠发生6~12小时后，宝宝通常会排出暗红色果酱样血便，程度轻的只有少许血丝，程度严重的为深红色血水。

2. 腹胀

当宝宝停止哭闹时，用手摸宝宝的肚子，可发现右上腹或右中腹有一个有弹性、略微可以活动的腊肠样肿块。

3. 腹痛

肠套叠最典型的症状就是腹痛，只是宝宝还不会说话，他往往用突然哭闹、面色苍白、两腿屈曲、手脚乱动等来表达自己的疼痛。

宝宝发生肠套叠时不一定都会出现上述症状，最常见的症状就是哭闹，当你发现宝宝阵发性哭闹超过3个小时，应立马带他去医院检查。

发生肠套叠时的处理

一旦怀疑宝宝可能发生肠套叠，应立即带宝宝就医。在去医院的途中，爸爸妈妈要注意观察宝宝病情的变化，如呕吐次数和呕吐物、大便的次数和性状等，尽可能地向医生详细描述。千万不要为了缓解宝宝的疼痛而给他吃止痛药，因为止痛药会掩盖症状，影响医生的诊断。医生安排治疗方案后，要积极配合医生。

在宝宝治疗期间，爸爸妈妈要多安慰宝宝，与宝宝做游戏，或者给宝宝听音乐，给宝宝唱歌、看电视等，以转移宝宝的注意力。

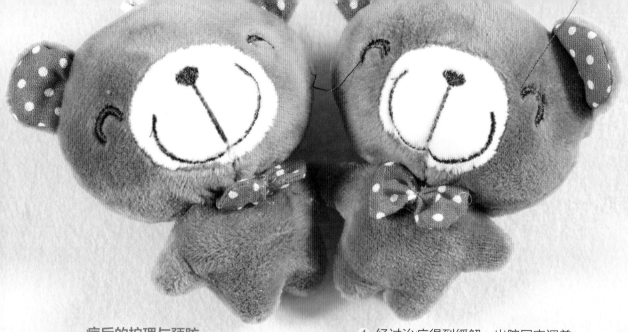

病后的护理与预防

宝宝肠道的回盲部系膜尚未固定完善，容易出现游离度过大，而且宝宝的肠道比成人相对长一些，成人的肠管长度是身体的 4.5 倍，新生儿为 8 倍，婴儿是 6 倍。若经常给宝宝吃得太多，或者给他吃不容易消化、刺激性的食物，使他的胃肠负担过重，诱发肠蠕动紊乱，就很容易发生肠套叠。

根据上面提到的宝宝肠道特点和肠套叠发生的原因，我们的育婴师给爸爸妈妈们支招，肠套叠可以这样防护。

🐾 **育婴师经验谈**

给宝宝喂辅食，吃完后仍然哭闹，说明他没有吃饱。如果吃完后，再给他吃，他不张嘴或者用舌头顶出来，说明他吃饱了。这个属于宝宝正常的食量，属于吃八九分饱，六七分饱则是在这个量的基础上减少 3~5 勺。其实爸妈不用担心宝宝吃过量，他在生病期间胃口通常变差，吃得也少。

1 经过治疗得到缓解，出院回家调养时，先别着急给宝宝添加辅食，可进行母乳喂养或给适量的配方奶，让宝宝的肠道有一个恢复的过程。之后，再循序渐进添加辅食，一样一样少量地添加。

2 平时要控制好辅食添加的量，每次让宝宝觉得六七分饱就可以了。等宝宝完全痊愈后，再逐渐恢复食量至正常。

3 对于需要手术治疗的宝宝，在手术之后，爸爸妈妈要注意保持宝宝手术切口的干燥、清洁，每天定时对切口进行清洁消毒。如果敷料被尿液浸湿，应立即更换。

4 平时应注意宝宝腹部的保暖，天气转凉时，要适时添加衣被，预防因气候变化引起肠功能失调。

5 宝宝的奶瓶、餐具要经常清洗、消毒，还在哺乳的妈妈应注意清洗乳头，严防病菌经乳头传染宝宝，肠道炎症也有可能引起肠套叠的发生和复发。

捉皮球：锻炼宝宝爬行和旋转能力

从第7个月开始，爸爸妈妈经常让宝宝玩捉皮球的游戏，能锻炼他手臂、膝盖的支撑能力，使他的爬行和旋转动作更灵活。

准备物品：颜色鲜艳的小皮球。

游戏方法：

1 妈妈先整理出一块宽敞干净的场地，收起危险物品，铺上一层席子或薄垫子。

2 让宝宝趴在地上，妈妈帮助他弯曲膝盖、双手放在胸下，呈手膝支撑地面、要爬行的姿势。

3 在离宝宝一个手臂远的前方放一个颜色鲜艳的皮球，跟宝宝说："宝宝，快点来拿这个球！"引导宝宝把注意力放到小皮球上。

4 宝宝看到小皮球后，会伸手够球，

他不能完全握住，球会滚走，这时妈妈要鼓励宝宝："球跑这里来了，加油哦！"引导宝宝爬过去再抓球。

5 宝宝反复几次拿不到球时，妈妈把球拿起来，逗引他用手去够。在宝宝伸手够的时候，妈妈将手里的东西移动到另一边，宝宝也会跟着移动。这时宝宝的身体就会依赖腹部为支点在床上打转。

育婴师经验谈

刚开始玩这个游戏时，宝宝可能不是往前爬，而是后退。这时，妈妈可用双手顶住宝宝的双脚脚底，使宝宝得到支撑力而往前爬行，这样慢慢地宝宝就学会了用手和膝盖往前爬。同时，在宝宝反复几次爬行和旋转身体之后，妈妈要适时让他拿到小皮球，让他体验到成功的愉悦。总是拿不到小皮球，他会感到沮丧，不愿意再玩这个游戏。

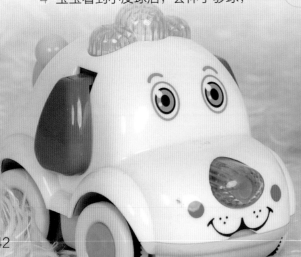

撕纸：宝宝的小手更灵巧

7~9个月的宝宝已经学会用拇指、食指、中指去抓握物品，有时还能用拇指、食指对捏小珠子。这时，爸爸妈妈经常和他玩撕纸的游戏，能锻炼他手指肌肉力量，让他的小手更加灵活。

准备物品：白纸若干，先将白纸裁成10厘米×10厘米左右，然后用缝纫机在白纸上打各种简单形状的针孔。

游戏方法：

1 爸爸妈妈给宝宝做示范，沿着针孔将纸撕开。

2 爸爸或妈妈抓住纸的一边，让宝宝抓住纸的另一边，沿着针孔撕纸，引起宝宝的兴趣，再让宝宝自己拿着纸撕。

🍼 育婴师经验谈

刚开始撕纸时，宝宝可能更愿意把纸放在嘴里，爸爸妈妈一定要及时制止，并用撕纸的动作来转移他的注意力，并告诉他："宝贝，这个不是吃的，是用来撕的，看妈妈怎么撕纸。"

玩具的名字：帮助宝宝理解名称与物品的联系

宝宝的潜能需要反复的刺激和激发，就如7个月的宝宝，他开始懂得少部分语音，听到"妈妈"会把头转向妈妈。这时，经常跟他说说话，告诉他家中各个玩具的名称，一段时间后他就能懂得名称与物品的联系，当下次说出某个玩具的名称时，他会从一堆玩具里找到那个玩具。

准备物品：宝宝平时喜欢的玩具3~5个。

游戏方法：将宝宝经常玩的几种玩具放在地上，每指一个玩具，就对着宝宝说这个玩具的名称。其他玩具也按照这个方法进行。反复跟宝宝说玩具的名称之后，妈妈说某个玩具，让宝宝试着将这个玩具挑出来。

🍼 育婴师经验谈

尽可能地用简单的1~2个字来"称呼"玩具，如"小熊"直接说"熊"，"小鸭子"直接说"鸭子"。

和宝宝一起抓泡泡，促进宝宝手眼协调能力发展

随着视力的发育，宝宝的视野范围扩大了，能看到 3~3.5 米的事物，并开始偏爱移动的小物体，如飘飞的小泡泡。爸爸妈妈带宝宝到户外玩耍时，和他一起玩抓泡泡的游戏，既能锻炼他视觉追踪的能力，还能促进他手眼协调能力的发展，最重要的是能让宝宝在玩耍中感到开心幸福。

准备物品：户外用的垫子，吹泡泡工具。

游戏方法：

1 天气好时带宝宝到户外玩耍，在合适的地方铺上垫子，妈妈护着宝宝坐在垫子上。

2 爸爸在离宝宝 2~3 米的地方，对着宝宝的方向吹泡泡，妈妈握着宝宝的手一起拍打泡泡。

3 等宝宝习惯拍打的动作之后，妈妈再引导宝宝抓握泡泡。

 育婴师经验谈

在玩这个游戏时，爸爸妈妈也别忘了刺激宝宝的语言能力发展，方法很简单，就是当宝宝的手拍打或抓握到泡泡时，爸爸妈妈清楚发音："泡泡！"

挥手、握手、拱手：做个懂礼貌的好宝宝

每次爸爸出门上班时妈妈握着宝宝的手挥舞，爸爸回到家后和宝宝玩握手、拱手的游戏，既能训练宝宝手部的灵活性，还能扩大宝宝的交流性肢体语言范围，帮助宝宝养成良好的社交礼仪。

游戏方法：

1 每天早上，爸爸出门时，妈妈握着宝宝的右手举起，不断挥舞，同时跟爸爸说："爸爸再见！"如此每天反复练习，经过一段时间，宝宝看见人离开便会挥手表示再见。

2 爸爸下班回到家后，先用湿巾擦干净双手，然后向宝宝伸出右手，妈妈握着宝宝的右手与爸爸握手，同时跟爸爸说："欢迎爸爸回家。"爸爸说："宝宝你好。"反复练习，一段时间后向宝宝伸出手，他会主动伸手握住。

3 爸爸给宝宝拿水杯、食物或玩具时，妈妈帮助宝宝将双手合起做拱手的动作，然后不断前后略微摇动，同时说："谢谢！"经过一段时间的训练，当成人帮助宝宝拿他想要的东西时，他会拱手表示谢谢。

第五章

10~12个月·
蹒跚学步

- 教宝宝走路，你用对方法了吗？
- V 形坐姿危害多，爸妈要及时纠正
- 培养宝宝正确的坐姿
- 给宝宝断奶，一定要用对方法
- 让宝宝「独立」吃喝
- 夏天长痱子，要给宝宝勤洗勤换
- 做好预防工作，防止宝宝误吞异物
- 感冒分风寒、风热，分清证型护理宝宝好得快

......

宝宝成长测试

母乳喂养 10~12 月龄宝宝体格发育参考

性别	月龄	体重（千克）	身长（厘米）	头围（厘米）	体质指数
男宝宝	10 月	9.16 ± 0.11	73.3 ± 2.3	46.1 ± 1.3	17.0 ± 1.40
	11 月	9.41 ± 0.11	74.5 ± 2.3	46.4 ± 1.3	16.9 ± 1.40
	12 月	9.65 ± 0.11	75.7 ± 2.4	46.8 ± 1.2	16.8 ± 1.35
女宝宝	10 月	8.48 ± 0.12	71.5 ± 2.5	44.9 ± 1.2	16.6 ± 1.50
	11 月	8.72 ± 0.12	72.8 ± 2.5	45.2 ± 1.3	16.5 ± 1.45
	12 月	8.95 ± 0.12	74.0 ± 2.6	45.5 ± 1.3	16.4 ± 1.45

10~12 月宝宝智能发展

领域能力	10 个月	11 个月	12 个月
大动作能力	• 扶着床沿走 3 步以上 • 扶着沙发、栏杆等坐下拿东西 • 独站 2 秒以上 • 爬行自如，可由俯卧翻身至仰卧	• 轻扶栏杆走 3 步以上，扶物横走并开始做向前迈步动作 • 独站 10 秒以上	• 独自站立 • 扶一只手可以走，甚至独自走 2~3 步 • 开始手足交替爬行
精细动作能力	• 用拇指、食指捏起小东西 • 双手或单手抓住玩具玩耍，能掀开盒子盖拿玩具 • 能将手指塞进小孔里	• 会打开书本、盒子、抽屉、包东西的纸 • 打开或盖上瓶盖	• 拿笔乱涂，画不规则的点和线 • 独立搭 2 块积木而不倒 • 开始拆开或组合玩具
语言能力	• 会说出第一个有意义的单字 • 听懂大人说话的简单指令，并执行	• 听到大人的话，能指出身体 3~4 个部位 • 会用叠字音 • 知道 2~3 个亲近的人的名字，听到别人说这个名字时会转头	• 会说 1 个词的句子 • 开始模仿声音，有时会模仿大人发音 • 会执行简单的取物命令

领域能力	10 个月	11 个月	12 个月
认知能力	• 会翻来转去地看手上拿到的东西 • 能把听到的进行记忆、分析、整合	• 对颜色、大小、形状的认识进一步发展 • 看到的事情能记住 24 小时以上 • 思维能力初步发展，知道了事物之间是有联系的	• 可以模仿简单的行为动作 • 理解大人说话的动作和表情 • 能一眼就认出熟悉的玩具 • 会用简单的动作来表达自己的意愿
情感与社交能力	• 喜欢扔玩具，大人捡起来之后又扔，并觉得好玩 • 喜欢模仿"拜拜"等动作 • 听到"不行""不可以"时，能把手缩回去	• 喜欢和同伴玩 • 逐渐懂得"给"的含义，会交出手上拿着的东西 • 开始有羞耻感，会因大人的话害羞或不高兴	• 遇到不称心的事情会反抗 • 看到别的宝宝哭也跟着哭，看到别的宝宝笑也跟着笑 • 对父母的依恋越来越强

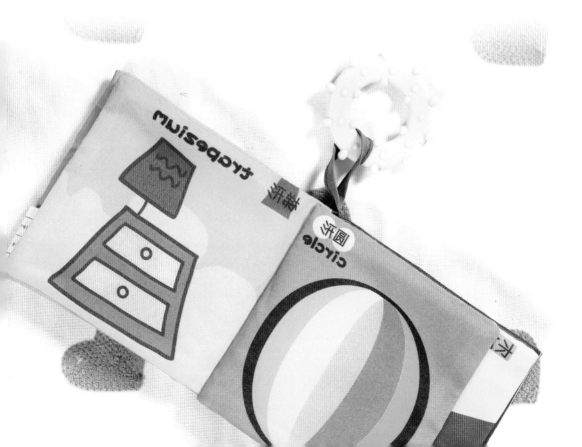

教宝宝走路，你用对方法了吗

1岁就像个神奇的时间点，仿佛一过了1岁，所有的人都会来问，你家宝宝会走路了吗？是的，很多爸爸妈妈对宝宝1岁时可以自己走路非常执着，于是提前教宝宝走路，甚至用了错误的方法"拔苗助长"。我们的育婴师提醒各位爸妈，宝宝的兴趣点不一样，体格发育也有差异，只要在18个月内学会走路都属于正常的，教宝宝走路一定要用对方法。

在阐述我们的育婴师怎样教宝宝走路之前，我们先来看看，育婴师工作中发现的爸爸妈妈用过的错误的方法。

◎先扶着宝宝走，然后突然放开。

 育婴师经验谈

宝宝学走路，爸爸妈妈要做好安全措施：

1. 用吸尘器将家里的地板收拾干净，吸走硬币、图钉以及一些尖锐的小零件。

2. 检查所有家具，在尖角上加装饰软垫。

3. 地上铺上薄的泡沫垫，既能防止宝宝摔伤或滑倒，又不至于太软而影响到宝宝脚的触感。

4. 将容易打碎的物品都收起来。

◎把教宝宝走路交给学步车。

◎过早使用学步带。

◎用围巾牵着宝宝。

◎用力牵拉宝宝的双手。

之所以出现上述错误的教宝宝走路的方式，跟爸爸妈妈的焦急心理有关。其实，爸爸妈妈大可不必焦急，宝宝学走路有他自己的时间表，按照这个时间表来练习，帮助引导他，当他的腿部肌肉以及心理做好准备后，他自然会迈出人生的第一步，给你带来惊喜。

宝宝学步期的发育情况以及正确的辅助方式

第1阶段：10~11个月

宝宝能自己站稳，或者父母放手时宝宝能稳定站立，说明他可以开始尝试走路了。

辅助方式：现在市场上卖的玩具推车重心低，高度适合宝宝，也不容易翻车、摔倒，爸爸妈妈可以带宝宝去选一辆玩具推车，让他扶着站立并尝试向前推，勾起他走路的兴趣。

第2阶段：12个月

这时的宝宝能扶着东西蹲下，爸爸妈妈要注重训练宝宝"站—蹲—站"连贯性动作，锻炼他的腿部肌肉和身体的协调性。

辅助方式：把玩具扔在地上，让宝宝

扶着东西自己捡起来，当宝宝熟练后，可以尝试着让宝宝不扶着东西就蹲下捡东西，然后自己站起来。

第3阶段：12个月以上

宝宝能扶着栏杆、沙发等行走，接下来爸妈需要引导宝宝放开手也能走2~3步，训练他的平衡能力。

辅助方式：爸爸妈妈各自站在宝宝的两头，让宝宝慢慢从爸爸这一头走到妈妈那一头。刚开始时，两人间拉开大人走两三步的距离，不要太近，太近了宝宝直接扑过来，达不到训练的目的。当宝宝能走2~3步后，再拉开一些距离，继续训练。

第4阶段：13个月左右

有的宝宝可能已经能摇摇晃晃地走了，也有的宝宝还需要爸爸妈妈扶着腋下才能走。这时爸爸妈妈需要继续锻炼他的腿部肌肉，并尝试让宝宝接触不同的地面情况，训练他的身体与眼睛的协调能力。

辅助方式：如果家里有楼梯，清理干净，给宝宝戴上护腕、护膝，让他练习爬楼梯。如果家里没有楼梯，可以利用家中的小凳子让他一上一下地练习。

第5阶段：13~15个月

宝宝基本上能走得比较好了，对周围的事物充满了探索的欲望，这时爸爸妈妈应满足他的好奇心。

辅助方式：天气晴好时带宝宝到户外活动，让宝宝尝试沿着一条小路走，或者让宝宝走倾斜度不超过20°的小坡等。在家中，爸爸妈妈可以用木板放置成一边高、一边低的斜坡，让宝宝从高处走向低处，或由低处走向高处。

扶宝宝走路的正确方法

爸爸妈妈除了根据宝宝的发育特点，训练宝宝的腿部肌肉和平衡能力外，还有一项艰巨的工作——扶宝宝走路。这是宝宝尝试自己走路的很重要的一个过程，爸爸妈妈一定要用对方法。正确的方法是：爸爸妈妈弯腰站在宝宝的背后，双手扶住宝宝的腋下，让宝宝双脚踩在自己的脚背上，让他跟你一起走路。过一段时间后，让宝宝双脚踏在地上，爸爸妈妈扶着他慢

慢向前走。

只要宝宝有兴趣，挣扎着要下来，或者双脚不停地在你身上往上走，就可以把他放下来，扶着他走，不用拘泥于他在学步的哪个阶段。不过，每次扶着宝宝走的时间不要太长，20分钟左右就可以了，然后抱起宝宝让他休息一会儿，也让自己的腰休息一会儿，过30分钟~1小时后如果宝宝还想走，再继续扶着他走。

给宝宝足够的时间和空间

宝宝1岁了还不会走路，爸爸妈妈不要着急。宝宝18个月以内学会走路，这都是正常的！爸爸妈妈应给他足够的时间和空间，去练习"站—蹲—站"等动作，或者是在房间摸爬打滚，锻炼各部位的肌肉。平时，多带他到小区里活动，让他看看同龄宝宝怎样学走路的，他自然而然就会模仿。等宝宝身体、心理都做好准备了，他不用扶着也能自己走了，甚至能走得比较稳当。

W 形坐姿危害多，爸妈要及时纠正

很多宝宝在刚开始学爬时，容易呈现膝盖外翻的 W 形跪坐姿势，这在宝宝练习爬行阶段是允许的。但是，当宝宝学走路之后，如果宝宝还采取这种坐姿，爸爸妈妈就要及时纠正了。

W 形坐姿的危害

W 形坐姿也就是像英文字母 "W" 的跪坐姿势。宝宝长时间使用 W 形坐姿，容易导致大腿骨内转，然后连带引起膝关节内转，之后发展成双脚内撇和足弓反转，让宝宝走路呈 "内八字"。W 形坐姿还容易造成宝宝的小脚板朝内倾斜，导致扁平足和筋腱紧张，让宝宝走路不稳，经常跌倒。

示范正确坐姿，让宝宝逐渐忘记 W 形坐姿

当宝宝采用 W 形坐姿时，爸爸妈妈要帮助宝宝移动脚型，帮助他回到正常的状态。你可以向宝宝示范以下正确的坐姿，让宝宝模仿。

盘坐：坐在地上，脊背挺直，双腿交叉。

环坐：坐在地上，脊背挺直，双腿自然弯曲，使脚掌相对。

长坐：坐在地上，双脚伸直，宝宝看书时可用这个姿势，把书放在他的腿上。

V 形坐姿：坐在地上，双脚伸直并大开呈 V 字形。

侧坐：坐在地上，双腿弯向同一侧，一手手掌扶在地面上，短时间坐时可以采取这个姿势，时间久了容易造成手臂酸麻。

坐在小椅子上：让宝宝的臀部坐在椅子的中间，大腿和小腿呈 90°，双脚放平；如果有小桌子，宝宝伸手扶住桌子两边，上臂跟桌子呈 30° 左右的高度最适宜。

多带宝宝去户外走走

10~12 个月的宝宝，不仅是学走路的阶段，他对外面世界的兴趣越来越大，探索的欲望增强，这时爸爸妈妈应每天带宝宝到户外玩，帮助他增长知识，开阔眼界，促进他的运动能力和智力发展。爸爸妈妈可以带宝宝进行的户外活动有很多，例如：

1 带宝宝到小区的活动中心，选择如小秋千、跷跷板等适合他的器材，和他一起玩。

2 让宝宝和小区里的小朋友一起玩耍，宝宝通过观察其他小朋友的行为、语言发声等，会逐渐模仿，对宝宝学走路、学说话都有促进作用。同龄小朋友之间相互分享饼干等零食，或者交换玩具玩耍，对培养宝宝的性格和社会交往能力很有好处。

3 在户外玩耍中，爸爸妈妈指着实物教宝宝认知和说话，如见了小狗就叫"汪汪"，见到了小汽车就叫"嘟嘟"等，宝宝有了感性的认知，能很快记住。

4 每次抱着宝宝把手中的垃圾扔到垃圾桶里，并告诉他："我们要讲卫生，垃圾要扔垃圾桶里。"等宝宝学会走路后，引导他把食物的包装纸之类的垃圾扔到垃圾桶里，对宝宝养成良好的卫生习惯很有益。

5 不要怕脏，可以捡一些地上散落的花和树叶，和宝宝一起拼图，不要嫌宝宝做得不好，只要他愿意尝试就鼓励他。但玩耍之后要给他洗干净小手，或者用湿巾擦干净。

6 扶着宝宝在不同的路面上行走，增加他走路的体验，对锻炼宝宝的腿部肌肉、身体协调能力有好处。

育婴师经验谈

　　无论年龄大小，宝宝都有"外出"的欲望，"好像长在外边似的"是宝宝喜爱户外活动的生动写照。我们建议爸爸妈妈尽可能多陪伴宝宝，让他们享有一个欢乐的童年。

给宝宝断奶，一定要用对方法

"母乳无限好，只是断奶难"。断奶是一件大事，它伴随着的是亲子之间心理上短暂的分离。对于妈妈来说，断奶的过程让人失落、难受，以后跟宝宝不再"亲密无间"。对于宝宝来说，断奶意味着食物种类、喂养方式的改变，还是宝宝独立的第一步。断奶方式不科学，断奶断得不彻底，都有可能给宝宝留下不可磨灭的心理阴影，影响宝宝的身心健康。那么，妈妈该如何断奶呢？有什么窍门能让宝宝一次断奶成功呢？

育婴师见过的不科学断奶方式

在给各位妈妈详述科学的断奶方式之前，先来看看我们的育婴师遇到过的不科学断奶方式。

1. "母子隔离"断奶

琪琪1岁时，琪琪妈妈的奶不够了，加上又要上班，就决定给琪琪断奶。但是，琪琪妈妈总是抗拒不了琪琪吃不到奶的委屈表情，断奶总是一拖再拖。后来，和丈夫再三商议后，决定把琪琪送到爷爷奶奶家断奶。可才刚1天，琪琪奶奶就打来电话说，琪琪整天哭闹，谁哄都没有用，估计是想妈妈了。

育婴师解说　"母子隔离"断奶是传统育儿常用的断奶方式，这种做法并不可取。母子分离会让宝宝缺乏安全感，尤其是对母乳依赖较强的宝宝，还可能产生较强的焦虑情绪，不愿意吃东西，不愿意跟人交往，烦躁不安，哭闹剧烈，睡眠不好，甚至生病。

2. 乳头涂抹辣椒水、万金油

媛媛妈妈要给媛媛断奶，但媛媛总是哭闹，反反复复断了好几次就是断不掉。后来有长辈告诉她，往乳头上涂抹些辣椒水、万金油，让宝宝对母乳反感就能早点断掉。媛媛妈妈用了这个方法，结果却发现，不但没有成功断奶，反而让媛媛拒绝其他食物。媛媛妈妈不忍心让媛媛饿着，只好重新开始喂母乳。

育婴师解说　对于宝宝来说，妈妈在乳头上涂抹辣椒水、万金油、黄连等刺激物，简直是残忍的"酷刑"。这些食物不仅可能对宝宝的口腔黏膜造成伤害，还使宝宝的心理蒙上阴影。

以上两种断奶方式很容易使宝宝幼嫩的身心受伤，妈妈一定要避免采用这两种断奶方式。

育婴师常用的断奶"计划书"

关于断奶，妈妈可以尝试我们育婴师常用的方法，列一个"计划书"，循序渐进地给宝宝断奶。

断奶计划第1步

先给宝宝做个体检

给宝宝断奶之前，先带宝宝去医院做个全面的体检，只有宝宝身体情况良好，消化能力正常时才考虑断奶。如果宝宝生病、出牙，或者换保姆、搬家、旅行及妈妈要去上班等事情发生的时候，最好先不要给宝宝断奶，以免增大断奶的难度。

断奶计划第2步

选择合适的断奶时间

一般从第12个月开始，逐渐给宝宝断奶。如果宝宝对母乳依赖比较严重，可从第11个月开始，延长每次减奶的周期。季节上，育婴师建议选择春秋两季断奶最佳，因为天气凉爽时宝宝的胃口比较好，容易接受辅食喂养。夏季温度高，宝宝胃口不好，断奶后可能影响到营养摄入而消瘦；冬天天冷，宝宝容易受凉生病，肠胃也因为气温降低而变得娇嫩，所以断奶要尽量避开夏冬两季。对于本来就少吃母乳的宝宝来说，断奶比较容易，也不必太过拘泥于断奶的时机。

断奶计划第3步

爸爸也要参与到断奶中来

在准备断奶之前，要充分发挥爸爸的作用，有意识地减少妈妈与宝宝相处的时间，增加爸爸照料宝宝的时间，提前减少宝宝对妈妈的依赖。

断奶计划第4步

逐渐减少喂奶次数

第12个月的第1周，开始减掉一顿母乳，辅食的量相应增加；1周后，如果妈妈感到乳房不太发胀，宝宝的消化吸收情况良好，就可以再减去一顿奶，同时加大辅食的量，逐渐向断奶过渡。

刚开始减奶时，宝宝对妈妈的乳汁会非常依恋，尤其是早晨和晚上，所以减奶最好从白天开始。白天可以用玩具、游戏、户外玩耍等方式转移宝宝的注意力，宝宝不会特别在意吃奶。

断奶计划第5步

多花时间陪伴宝宝

在断奶期间，妈妈要格外关心和照料宝宝，千万不要"母子隔离"。育婴师建议妈妈每天多花一些时间跟宝宝玩游戏，安抚宝宝的情绪，让他懂得即使断奶了，妈妈对他的爱也不会少，这样能尽可能地减少断奶给宝宝带来的焦虑。

宝宝断奶前、断奶期间的饮食安排

在宝宝断奶之前和断奶期间，爸爸妈妈要注意给宝宝添加辅食。适合宝宝断奶前添加的辅食有：稀饭、稠粥、馒头、软的馅饼、碎菜、鸡蛋、肉末、鱼肉、肝泥、动物血、西红柿、豆腐、橘子、香蕉、草莓、苹果等。在宝宝断奶之前，每天可给宝宝安排 3 次母乳，2 次加餐，2 次辅食。在宝宝断奶期间，要逐步减少喂奶的次数，但加餐和辅食的次数不变，而是增加量。

───────── 宝宝断奶前一天喂养安排举例 ─────────

早晨 6 点	母乳
早晨 8 点	小面包 1 个，鸡蛋羹小半碗
上午 10 点	饼干或馒头片 2 块，温开水适量
中午 12 点	虾仁挂面 1 碗
下午 3 点	母乳，苹果或草莓适量，温开水适量
下午 6 点	蔬菜粥，胡萝卜鸡蛋青菜饼适量
晚上 10 点	母乳
断奶的第 1 周	先逐渐把下午 3 点左右的母乳戒掉，用鱼肉豆腐羹或者南瓜块、红薯饼等营养丰富的辅食代替
断奶的第 2 周	如果宝宝的消化吸收功能好，再想办法戒掉早晨 6 点的母乳。这时，可把早晨 8 点的餐次提前到 7 点左右，同时把鸡蛋羹的量增加到 1 碗
断奶的第 3~4 周	妈妈需要把夜间的这顿母乳断掉，这一顿母乳恰恰是最难断的。刚开始时，不要一下子就断掉，不让宝宝吃，这样很容易让宝宝哭闹不止，可以适当减少喂奶的时间，然后给宝宝喂温开水，等宝宝适应后再增加温开水的量，直至完全把奶断掉

宝宝断奶后的饮食安排

1. 添加配方奶

大部分母乳喂养的宝宝比较抗拒配方奶，所以在母乳未完全断掉之前，给宝宝喂配方奶时宝宝基本上不吃。这是正常现象，爸爸妈妈不要强迫宝宝吃，可以在完全给宝宝断掉母乳后再添加配方奶。宝宝断奶后，最好每天能保证给宝宝喝 500~600 毫升的配方奶。

宝宝断奶后如果不吃奶粉，爸爸妈妈也不要强求，宝宝所需的营养并非只需要奶粉来提供。爸爸妈妈应转变思路，让宝宝的饮食多样化，让他的饮食涵盖粥、肉类、蔬菜、蛋类、鱼类等，也能很好地为宝宝补充营养。

2. 辅食成主食

宝宝断奶后，原来的辅食就变成主食了，这时宝宝的消化能力已逐渐增强，大部分宝宝出牙 6~8 颗，所以给宝宝安排的食物可变成半流质或软食。妈妈可以给宝宝吃稠粥、软饭、烂面条、包子、小馄饨等，菜方面要有鱼、瘦肉末、肝类、虾皮、豆制品、各种蔬菜碎末以及蛋羹等，水果选择应季的就可以了。

宝宝断奶后，一天需要安排 4~5 餐，分早、中、晚餐及午前点、午后点。12 个月左右的宝宝食量为成人食量的 1/3~1/2，每餐的食物约小半碗。

宝宝断奶后一天的饮食安排举例

早上 6~7 点	配方奶 150 毫升左右，鸡蛋 1 个，面包 1 片
上午 10 点	饼干或点心适量
中午 12 点	烂饭小半碗，鱼肉、青菜适量，鸡蛋虾皮汤
下午 3~4 点	配方奶 150~200 毫升，水果适量
下午 6 点	碎菜面 1 小碗，肉末、豆腐适量
晚上 9~10 点	配方奶 150~200 毫升

让宝宝"独立"吃喝

大部分宝宝在 10 个月大时，开始对餐具产生浓厚的兴趣，他总想自己动手摆弄餐具。每次给宝宝喂饭，他都喜欢抢妈妈手中的餐具。这是宝宝早期个性形成的标志，也是训练宝宝自己吃喝的好时机。当喂饭时，宝宝抢勺子或者用手抓饭菜，爸爸妈妈可以用以下方法，提高宝宝吃饭的兴趣，培养宝宝"独立"吃饭的习惯。

不要怕宝宝把饭菜弄得到处都是，只要他爱吃就好！也不要着急帮宝宝，尝试过程中的挫折也是宝宝的成长。

培养宝宝独立吃饭

1 给宝宝喂饭时，准备 2 把勺子，1 把给宝宝自己拿着，允许他"自由发挥"，另一把妈妈拿着，这样既不耽误宝宝用勺子戳饭菜或者比画，也不耽误给他喂饱。

2 12 个月左右的宝宝喜欢和大人一起上桌吃饭，爸爸妈妈可以给他洗干净小手，用一个小碟盛上适合他吃的各种饭菜，凉温后让他尽情地用手或用勺喂自己。

3 宝宝有时抓取食物并不是为了吃，而是为了看食物的形状、颜色，或者只是想玩食物，爸爸妈妈也不要阻止他，而是充分尊重他的意愿，让他通过观察、玩耍加深对食物的印象，还能锻炼手指的灵活性。

训练宝宝自己用小杯子喝水

美国儿童研究院建议，从宝宝 1 岁开始，逐渐减少他使用奶瓶的次数，开始训练他用杯子喝水，最晚不要超过 1.5 岁。训练宝宝用杯子喝水的方法：给宝宝挑选一个外观漂亮、大小合适的学饮杯，宝宝在用学饮杯的吸管喝水时，就感觉像吸吮奶瓶；等宝宝适应学饮杯后，再给宝宝准备一个塑料杯，插上吸管，让宝宝练习用吸管喝水。刚开始宝宝很可能像洒水车一样，把大部分水泼在外面，爸妈千万不要呵斥他，当看到他能喝上一小口就要鼓励他："宝宝真棒！加油哦！"

育婴师经验谈

给宝宝用杯子喝水，倒入杯子里的水不要超过半杯，因为宝宝很有可能斜着拿杯子，很容易让水洒出来。

适合 10~12 个月宝宝的断奶食谱

虾仁挂面

材料： 挂面 20 克，虾 1 只，胡萝卜、青菜各适量。

做法： 1.虾洗净，去头、皮，取仁。

2.胡萝卜洗净，切丝；青菜洗净，切碎。

3.锅内加水烧开，放入挂面煮至七成熟，然后放入虾仁、胡萝卜丝、青菜碎煮至面条熟透就可以了。

育婴师美食经验

煮挂面时，用筷子挑起一串，如果面条上还有一丝丝的白色痕迹，说明面条还没有煮熟；如果面条煮熟了，颜色比较均匀，夹起来时不粘连。

蔬菜鸡肉粥

材料： 鸡肉 20 克，胡萝卜 20 克，蘑菇少许，大米 100 克。

做法： 1.鸡肉、胡萝卜、蘑菇洗净，切碎。

2.大米淘洗干净，放入锅里，倒入适量清水，大火煮沸后转小火熬成粥。

3.加入鸡肉、胡萝卜、蘑菇煮熟就可以了。

育婴师营养笔记

这道粥里的鸡肉是蛋白质的良好来源，搭配富含维生素、无机盐的胡萝卜、蘑菇，对宝宝的成长发育很有好处。

胡萝卜鸡蛋青菜饼 适合 12 个月以上宝宝

材料 胡萝卜、面粉、青菜、小葱各适量，鸡蛋 1 个。

做法 1. 胡萝卜洗净，切成小块，然后放入榨汁机里，加入少许凉开水榨成胡萝卜汁。

2. 青菜洗净，切碎；小葱洗净，切碎。

3. 把面粉倒入碗中，加入胡萝卜汁拌匀，如果感觉有点儿干就再加点水搅成糊糊状，加入青菜碎、鸡蛋、盐和小葱，然后搅匀。

4. 平底锅内加入少量油，转动一下锅，小火把油烧热，然后倒入一部分面浆，转动锅，让面浆摊开，成形后再翻面把另一面煎熟，盛出，接着用同样的方法煎剩下的面浆就可以了。

丝瓜虾皮猪肝汤 适合 12 个月以上宝宝

材料 丝瓜 150 克，虾皮 5 克，猪肝 50 克，葱、香油少许。

做法 1. 丝瓜去掉外皮，洗净，切成 2 瓣，去掉瓜瓤，切成片；虾皮用清水泡软。

2. 猪肝反复用流动的清水冲洗，切片，然后用清水浸泡 5~10 分钟。

3. 锅里加适量水，放入丝瓜片，大火煮沸后倒入猪肝搅散，煮沸后继续煮 3 分钟，最后加入葱、香油、少许盐拌匀就可以了。

📖 **育婴师营养笔记**

含钙丰富的虾皮，搭配含铁丰富的猪肝，可以有效帮助宝宝补充营养。

夏天长痱子，要给宝宝勤洗勤换

夏天高温闷热，宝宝出汗多，而宝宝的皮肤功能相对差，汗孔容易被汗液堵塞，所以容易长痱子。宝宝长痱子时，爸爸妈妈可以在宝宝的身上看到针头大小密集的丘疹或丘疱疹，周围有轻度的红晕。痱子比较痒，再加上出汗时汗液的刺激，宝宝常忍不住抓挠，而宝宝总是爱乱抓东西，手上细菌多，抓挠后容易造成痱子处破损，引起感染。所以当宝宝长痱子了，爸爸妈妈要细心护理。

1. 勤给宝宝洗澡

宝宝长痱子，爸爸妈妈要勤给宝宝洗澡。夏天气温高，可每天中午、晚上各给宝宝洗一次温水澡。在洗澡水中滴入几滴宝宝金水或花露水、藿香正气水、十滴水等，或者用马齿苋煮水后给宝宝洗澡，能帮助预防痱子的进一步发展。

2. 适当擦痱子粉

宝宝洗完澡后，可在宝宝出汗多的地方擦痱子粉，如腋下、脖子等处，但女宝宝避免擦大腿根部。已经长出痱子的，可以擦点宝宝金水或花露水，也可以找医生开药水擦。抓挠后出现感染，长小脓包了，要涂抹红霉素软膏，红霉素软膏有消炎作用。

3. 给宝宝穿宽松的衣服

夏天气温高，为避免大量出汗，要给宝宝穿宽松、透气性好、吸汗性好的棉质衣服。宝宝出汗多时，要勤给宝宝擦汗。如果衣服汗湿了，要及时更换。

4. 注意室内温度

如果室内的温度超过 30℃，可开空调降低温度，或者用电风扇保持室内空气流通，这样能避免宝宝大量出汗。

5. 不要总是抱着宝宝

总是抱着宝宝，宝宝长时间在大人的怀里，很容易造成散热不畅，捂出痱子。如果宝宝比较小，还不会坐，尽量把他放在凉席上玩耍。会坐的宝宝，让他自己坐在地上、沙发上或床上玩。

6. 多喝水

让宝宝多喝温开水，适当给宝宝吃一些西瓜、绿豆汤等清热解毒的食物，有助于带走身体里的一部分热量。

误吞异物，做好预防工作最重要

1岁左右的宝宝总是喜欢随手把拿到的东西放进嘴里，很容易造成误吞异物的情况发生。我们的育婴师在照顾宝宝时，曾经遇到过这种情况，她们总结了医生的处理方案和自己查阅的资料，建议爸爸妈妈要做好预防工作，防止意外发生。

误吞异物，预防为主

1 螺丝钉、玻璃球、气球、硬币、小石块、小球、纽扣、电池、安全别针、曲别针、笔帽、珠宝、蜡笔等，要放在宝宝看不见的地方。平时要经常用吸尘器对家里进行"扫荡"，吸掉上述小物品。

2 定期检查宝宝的玩具，看玩具上细小的零部件，如螺丝钉、小珠子等，是否有松动的现象，并做好相应的处理。

3 清洗完宝宝的衣服后，要检查衣服上的小配件，如小扣子、小花等，是否有松动的情况，如果有则及时加固，避免宝宝把它们拽下来放到嘴里吃。

 育婴师经验谈

如果宝宝未将异物吞下，而是卡在喉咙里，他常会一面哭闹一面用手指着喉咙，表示自己不舒服。这时，爸爸妈妈可以进行紧急催吐。催吐的方法：洗干净双手，把手指伸进宝宝的口腔深处，刺激其咽喉部位使宝宝产生呕吐反应。

4 当宝宝嘴里有食物时，不要逗笑，也不要让他蹦蹦跳，以防食物被误吸入气管里。不要让宝宝张嘴然后给他投喂颗粒食物，以防食物直接冲到宝宝的气管里。

宝宝误吞异物的紧急处理

第1步

保持镇定
当宝宝误吞异物时，爸爸妈妈首先要稳定自己的情绪，不要露出焦急的表情，因为你的紧张和焦虑会"传染"给宝宝，让他感到害怕。

第2步

细心观察
如果发现有呛咳、呼吸困难、口唇青紫等窒息缺氧的表现，或出现呕血、腹痛、发热或排黑色稀便的现象，应立即就医。

第3步

配合治疗
爸爸妈妈带宝宝到医院，要向医生说明宝宝吞咽哪种物品、误吞的时间、宝宝出现的症状等，以便医生快速地诊断和安排治疗方案，爸爸妈妈后面要做的就是配合医生的治疗。

感冒：风寒 or 风热？分清证型巧护理

宝宝一有风吹草动，爸爸妈妈就草木皆兵。有时只是普通的感冒，宝宝有些流鼻涕，并没有咳嗽、发热的症状，爸爸妈妈就跟医生说开药。我们的育婴师很想跟各位爸爸妈妈说，并不是所有的感冒都要用药，护理比治疗更重要。

6个月~3岁的宝宝抵抗力相对低，很容易被感冒给"盯上"，尤其是在季节交替时，儿科门诊里感冒咳嗽的宝宝要比以往多。我们育婴师在带感冒的宝宝去医院检查时，医生通常都会建议，症状比较轻的宝宝，如只有鼻塞、流鼻涕时，不需要用药，注意细心护理，基本上能让宝宝"抗过去"，自主获得免疫力；如果感冒比较重，有发热、咳嗽的症状，就要遵医嘱用药了。

我们育婴师还要提醒各位爸爸妈妈，宝宝感冒后应到医院检查，确定感冒的证型再用药，切勿自行用药而出现药不对症的情况，使宝宝病情加重。

宝宝感染风寒感冒时的护理

大多数的感冒都可出现鼻塞、流鼻涕、打喷嚏、咳嗽的症状，但爸爸妈妈可以从一些细微处分辨感冒的证型。例如宝宝患有风寒感冒，除了以上症状，还会出现怕冷、流清鼻涕、痰白且清稀、头痛、低热（37.2~37.5℃）、便秘等症状。

1 在家里给宝宝盖稍微厚一点的被子，让宝宝微微出汗，可使宝宝身体里的风寒邪气随汗液排出体外，但注意不要让宝宝大汗淋漓，这样反而会使宝宝着凉而加重感冒。宝宝发汗后，要立即给他换上干净的衣服，让他多喝温开水，以补充因出汗而流失的水分。

2 风寒感冒多发生在深秋、冬季和初春，这几个时间段带宝宝进行户外活动，要随时准备一件外衣，等宝宝活动完了之后穿上。同时，还要随时查摸宝宝的手脚和后脖颈是否温暖，如果不够温暖，说明宝宝的衣服保暖度不够，需要加衣服。

宝宝患有风热感冒的护理

跟风寒感冒不同，风热感冒常发生在晚春、夏季和初秋季节。风热感冒在症状上跟风寒感冒有些相似，都出现鼻塞、打喷嚏、咳嗽的症状，不同的是患有风热感冒的宝宝通常流浓鼻涕，还伴有发热重、头胀痛、有汗、咽喉肿痛、痰黄而稠、口渴等症状。

1 每隔30分钟~1小时给宝宝量一次体温，38.5℃以下，可通过擦温水澡、贴退热贴等方式退热；宝宝发热超过

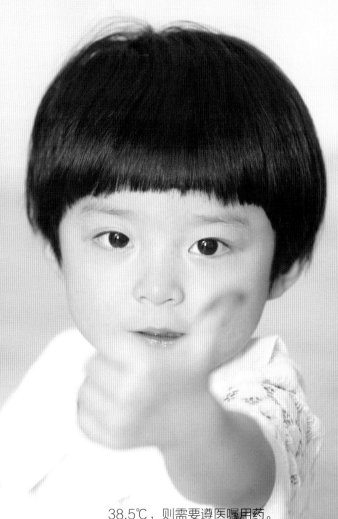

38.5℃，则需要遵医嘱用药。

2 给宝宝喂一些清热的果汁，如西瓜汁、葡萄汁、荸荠汁、绿豆汤等。这些食物要加热至微温再喂给宝宝，不能给宝宝吃冰冷的，以免刺激他的肠胃引起腹泻。

3 宝宝出汗多时，不要让宝宝对着空调、电风扇吹，因为风热感冒的宝宝皮肤毛孔会因为发热而张开，这是宝宝机体自身的调节机制，但如果让宝宝对着空调、电风扇吹，容易让皮肤毛孔遇冷收缩，使热气被"堵"回体内而加重发热。

感冒类型	发病原因	常发季节	不同症状
风寒感冒	吹风或着凉	深秋、冬季、初春	• 无汗 • 怕冷怕风，需要穿比较多的衣服才觉得舒服 • 鼻涕是清涕，白色或稍微带点黄；如果鼻塞不流鼻涕，喝点热开水后开始流清鼻涕，也属于风寒感冒
风热感冒	便秘或风热犯肺	晚秋、夏季、初秋	• 有汗 • 在感冒之前就有喉咙痛的症状 • 流黄色的浓鼻涕 • 咳黄痰 • 便秘、身热、口渴、心烦、口臭

两种证型都要注意的问题

不论是风寒感冒还是风热感冒，爸爸妈妈在护理生病的宝宝时，都要注意以下方面的问题。

1. 保护好宝宝的鼻子

风寒感冒或风热感冒通常都会出现打喷嚏、流鼻涕的症状。当爸爸妈妈看到宝宝流鼻涕时，最好用干净的纱布轻轻蘸干鼻涕。如果用卫生纸擦拭，可在宝宝的鼻子两侧、鼻孔下方，涂抹适量的凡士林或红霉素眼膏，以保护宝宝鼻子部位的皮肤，避免因为擦拭鼻涕而使它变得红肿、疼痛。

如果宝宝在呼吸时发出呼噜噜的声音，说明可能是鼻塞、呼吸困难了。这时，爸爸妈妈可以用盐水滴剂软化鼻涕，再用吸鼻器把鼻涕吸出来。鼻塞不严重，可以用温毛巾帮宝宝敷鼻子，有助于通鼻。

2. 让宝宝多休息

宝宝感冒后，要减少户外活动的时间，让他多休息，因为人生病后只有多休息，才能为机体进行自我修复提供时机。

3. 室内保持合适的湿度

北方秋冬季节干燥，宝宝感冒后在干燥的环境里待的时间长了，容易出现鼻子干痒、鼻塞加重的情况。这时，可用加湿器给室内加湿，使空气变得湿润起来，有助于鼻塞的缓解。

 育婴师经验谈

宝宝感冒，重在预防，尤其要避免交叉感染。当家中有人感冒时，抱宝宝或是拿宝宝的用品之前，一定要清洗双手；咳嗽、打喷嚏时要用纸巾遮掩，尤其不能对着宝宝打喷嚏，不能让宝宝接触感冒之人用过的纸巾；不要跟宝宝共用毛巾或碗筷。

4. 正确处理咳痰

若宝宝咳嗽有痰，可以让宝宝仰卧在枕头上，头低脚高，令痰液容易排出。宝宝在痰咳出时，可能会将痰吞下去而不是吐出来，爸爸妈妈不必担心，痰会随着粪便排出体外。

宝宝感冒期间和感冒后的饮食

1. 多给宝宝喂温开水

不论是风寒感冒还是风热感冒，都要给宝宝多喝水，以促进宝宝身体里的病毒随尿液排出体外，促进感冒的痊愈。

2. 以流质食物为主

宝宝感冒发热后，胃口会变差，这时应给宝宝准备清淡、容易消化、营养丰富的流质或半流质食物，如配方奶、藕粉、菜汤、烂粥、面片汤等。尽量少吃比较粗的固体食物，以防咳嗽时呛入气管。

3. 暂时不要给宝宝吃鸡蛋

鸡蛋含有丰富的蛋白质，进入人体后可分解成能量物质，加重发热症状，使得宝宝感冒病程延长，所以宝宝感冒期间要暂停吃鸡蛋，等完全痊愈后再吃。

4. 忌给宝宝吃冷饮

宝宝有时看着大人吃雪糕、喝冷饮也会"嘴馋"，而雪糕、冷饮等可加重宝宝的咳嗽症状，所以宝宝感冒期间应忌吃冷饮、雪糕。

适合宝宝的感冒食疗

葱白水：发汗解表，适合风寒感冒

食疗做法：葱白1段，放在清水中煮沸。捞出葱白，把汤水凉至接近体温的温度后，作为饮用水喂给宝宝。

食疗功效：葱白发汗通阳，对风寒感冒有缓解作用。

白萝卜汤：清热化痰，适合风热感冒

食疗做法：白萝卜切薄片，放在适量的清水中煮5~10分钟。捞出萝卜片，把汤水凉至接近体温的温度后，作为饮用水喂给宝宝。

食疗功效：白萝卜具有清热下气、化痰消导的功效，对风热感冒引起的咳嗽、痰多和消化不良等症状有较好的辅助治疗作用。

绿豆汤：清热解毒，适合风热感冒

食疗做法：绿豆适量，提前洗净，用清水泡一段时间。先用大火烧开，然后调成小火慢慢煮，直到绿豆被煮开花。凉凉后取汤汁喂给宝宝。

食疗功效：绿豆汤解毒热，是宝宝夏季清热解暑的好饮品，也对风热感冒引起的发热、咽喉肿痛等有缓解作用。

聪明宝宝潜能开发

小脚踩大脚，帮宝宝学走路

当宝宝能扶着栏杆或沙发边自己站起来，你就可以通过"小脚踩大脚"的游戏，教宝宝如何迈步，带他体验走路的感觉了。玩游戏时配合朗朗上口的儿歌，让宝宝喜欢上走路的感觉，还能刺激宝宝的语言能力发展。

游戏方法：妈妈先将宝宝的两只小脚分别放在自己的两只大脚上，然后扶着宝宝向前走和向后走。一面小幅度地走，一面有节奏地念《学走路》的儿歌。

《学走路》

一二一，走呀走，
妈妈宝宝手拉手，
小脚踩在大脚上，
迈开大步向前走。

送小动物回家，帮助宝宝稳步行

有的宝宝刚开始学走路时会害怕，这时不要勉强他学习，可以用他的小推车装上小鸡、小猫、小兔子、小狗等毛绒玩具，送它们回家，来帮助宝宝克服对走路的恐惧心理，勾起宝宝学走路的兴趣，还能促进他的动手能力、认知能力及思维能力的发展。

准备物品：儿童小推车1辆，小鸡、小猫、小兔子、小狗等毛绒玩具，积木，小动物的图片。

游戏方法：

① 引导宝宝用积木搭4间小房子。搭的小房子不一定要很好，只要是四方形、有个类似于房顶的东西就可以了。

② 在房子上面贴上小动物的图片，作为小动物的家。

③ 引导宝宝一一把小动物放上推车："宝宝，我们把小动物放进推车里吧。"每放一个小动物，都要跟宝宝说这是什么，如："这是小猫。"

④ 引导宝宝推着小推车到积木搭成的小房子前，把小动物送回家："这是小狗家。小狗，到家喽！"然后引导宝宝把小狗拿出来，放在房子前。

育婴师经验谈

刚开始玩"送小动物回家"的游戏时，宝宝可能分不清哪个动物应该送回哪个"家"，这时爸爸妈妈不用刻意纠正，只要他把小动物送到小房子前就给鼓励，例如："宝宝真棒，把小猫送到小狗家做客。"

帽子戏法，增强宝宝的观察力

10~12个月是宝宝视觉的色彩期，他已经能准确地分辨红、绿、黄、蓝4种颜色。不过这时宝宝的视觉器官运动还不够协调、灵活，大多是"远视眼"，有时专注观察某一事物时，常出现一只眼偏左、一只眼偏右或两眼对在一起的情况。对于宝宝的这一特点，爸爸妈妈平时可以给宝宝表演"帽子戏法"，不断给予宝宝视觉刺激，能帮助宝宝明白红、蓝颜色的不同，还能锻炼他的观察力，促进视觉的发展。

准备物品：一顶红色的帽子，一顶蓝色的帽子。

游戏方法：

1 爸爸抱着宝宝坐在沙发上，妈妈左手套一顶红色帽子，右手套一顶蓝色帽子。妈妈一手向前举起红帽子："看，红帽子。"收回红帽子，向前举起蓝帽子："看，蓝帽子。"让宝宝的注意力专注于帽子上。

2 妈妈迅速地把帽子藏在身后，和宝宝说："红帽子、蓝帽子都不见了。"

3 当宝宝出现疑惑的表情后，妈妈一手从身后拿出红帽子："看，红帽子在这里。"同时将戴红帽子的手举起，晃动两下，再藏回身后。

4 妈妈另一只手从身后拿出蓝帽子："看，蓝帽子在这里。"将戴蓝帽子的手举起，晃动两下。

5 妈妈迅速地把帽子藏在身后，同时说："不见了。"

育婴师经验谈

在玩"帽子戏法"游戏时，当妈妈藏起帽子，爸爸可以问宝宝："我们找一找帽子在哪里。"然后抱着宝宝绕到妈妈的背后，找到帽子，说："帽子在这里。"让宝宝多参与，他会更喜欢这个游戏，还能发挥他的主观能动性，对促进他的思维能力发展有益。

盖子游戏，宝宝的小手越玩越灵活

宝宝在 11 个月时能打开或盖上盖子，这时爸爸妈妈不妨和他一起玩"盖子"游戏，让宝宝在游戏中锻炼小手的灵活性和手眼协调能力。

准备物品：有盖的塑料碗 1 个，积木 3~4 块。

游戏方法：

① 让宝宝坐在垫子上，在他的前面放装有积木、盖好盖子的碗。

② 妈妈引导宝宝把碗的盖子打开。刚开始时，宝宝可能不知道怎么办，妈妈可以握着宝宝的手打开盖子，并说："积木！"以让宝宝注意碗里的东西。

③ 引导宝宝把碗里的积木取出来，再给碗盖上盖子。

④ 妈妈跟宝宝说："我们要把积木放回去。"然后引导宝宝打开碗的盖子，把积木放回去，再盖上盖子。

 育婴师经验谈

每和宝宝玩一个游戏，都要耐心引导。当宝宝能独立完成游戏中的某个环节，千万不要吝啬你的夸奖："宝宝自己动手的，真棒！"你的鼓励会让他充满自信，更乐意去尝试。

你好，让宝宝爱上交朋友

大多数宝宝在 11 个月的时候，显示出同伴交往的需求，喜欢和同伴玩，所以爸爸妈妈要经常带宝宝外出玩耍，引导他和同伴"打招呼"，帮助他建立自己的"朋友圈"。

游戏方法：带宝宝外出玩耍时，看到其他小朋友，妈妈握着宝宝的手先向对方挥挥手："你好。"在征得对方家长同意之后，引导宝宝和对方握手："握握手，我们是好朋友。"反复练习一段时间后，宝宝看到其他小朋友，会表现出交往的兴趣。

育婴师经验谈

11 个月的宝宝对"给"有了一些理解能力，在引导他和同龄的宝宝交往时，还可以引导他和其他小朋友相互分享自己的玩具和食物。

第六章
1~1.5岁：
宝宝是『语言天才』

● 6步骤让宝宝学会自己上厕所
● 宝宝不爱睡午觉，怎么办
● 根据平衡膳食宝塔丰富宝宝的餐桌
● 宝宝爱要别人食物，怎么办
● 麻疹上演『潜伏记』，爸妈要认真辨别
● 宝宝出水痘，一定要避免抓挠
……

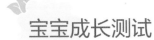

宝宝成长测试

1~1.5 岁（13~18 月龄）宝宝体格发育参考 [1]

性别	月龄	体重（千克）[2]	身高（厘米）	体质指数
男宝宝	13 月	9.87 ± 0.11	76.9 ± 2.4	16.7 ± 1.35
	14 月	10.01 ± 0.11	78.0 ± 2.5	16.6 ± 1.35
	15 月	10.31 ± 0.11	79.1 ± 2.5	16.4 ± 1.30
	16 月	10.52 ± 0.11	80.2 ± 2.6	16.3 ± 1.30
	17 月	10.73 ± 0.11	81.2 ± 2.6	16.2 ± 1.30
	18 月	10.94 ± 0.11	82.3 ± 2.7	16.1 ± 1.30
女宝宝	13 月	9.17 ± 0.12	75.2 ± 2.6	16.2 ± 1.40
	14 月	9.39 ± 0.12	76.4 ± 2.7	16.1 ± 1.40
	15 月	9.60 ± 0.12	77.5 ± 2.7	16.0 ± 1.40
	16 月	9.81 ± 0.12	78.6 ± 2.8	15.9 ± 1.40
	17 月	10.02 ± 0.12	79.7 ± 2.8	15.8 ± 1.40
	18 月	10.23 ± 0.12	80.7 ± 2.9	15.7 ± 1.40

13~15 月龄宝宝智能发展

领域能力	13 个月	14 个月	15 个月
大动作能力	• 牵一只手可以走 • 可以蹲下来捡东西 • 摔倒后能自己爬起来	• 自己能独走几步 • 会爬椅子并转身坐好 • 扶栏杆能抬起一只脚爬栏杆	• 拉着玩具倒退或侧着走 • 扶住扶手上楼梯 • 举手过肩投球
精细动作能力	• 打开合上硬皮书 • 会用拇指、食指捏起小珠子放入小瓶里	• 能帮大人翻书 • 把盖子放在瓶子上不掉 • 能比较契合地盖上杯子	• 能搭 3 层积木 • 会拧瓶盖 • 喜欢拿着笔乱画
语言能力	• 听得懂大人经常跟他说的话 • 能听大人的话指认物品	• 会正确称呼家里人 • 想要某种物品或想去某个地方时会用手指	• 可以说三个词的短句 • 听到大人说"给我"，会做出正确的动作
认知能力	• 认识红色 • 能将环套住棍子	• 能把小球从瓶里取出 • 可从镜子里认识自己	会把简单的形状放入模型中

领域能力	13 个月	14 个月	15 个月
情感与社交能力	• 在陌生人或陌生环境里感到紧张，有时还会哭闹 • 对熟悉的家人有很强的依恋	• 依恋某个玩具或某件衣物 • 模仿大人做家务 • 对曾经让他害怕的人和事记忆深刻	• 会把玩具给别人玩 • 会哄娃娃睡觉、吃饭

—— 16~18 月龄宝宝智能发展 ——

领域能力	16 个月	17 个月	18 个月
大动作能力	• 能独自自如停走 • 扶着栏杆上楼梯	• 牵手能单脚站立 2 秒 • 会用一只脚踢球	• 会跑，但还不稳，动作比较僵硬，不会绕开障碍物 • 可以用力抛球 • 试着跳一步
精细动作能力	• 能抓住蜡笔涂画 • 可以用食指、中指抓湿润的东西涂抹	• 能盖上瓶盖，但盖不严 • 能自己拿勺子吃饭，但会吃得到处都是	• 可以搭起 4 层积木 • 能将 2 块形状不同的板块放入相应的孔中
语言能力	• 会说 2~3 个字的句子，如"妈抱""上班" • 能用简单的字来表达自己想要的东西，如玩具、食物、饮料等	开始学会用名字来称呼熟悉的伙伴	• 能将单个的字连成句子来表达自己的想法 • 知道两个亲近人的名字，还能说出自己的小名
认知能力	能按照要求指出身体的各个部位	• 在一堆物品里能挑出不同的 • 模仿推四方块排成的火车	• 出现假装动作，如假装打电话 • 能够辨认 4 种颜色 • 建立三角形、圆形、方形等形状概念
情感与社交能力	• 害怕黑暗或某些动物 • 对亲近的人依恋更深，尤其是晚上	• 喜欢模仿大人做家务 • 能执行一些简单的指令	喜欢自己吃饭、自己做事，看起来想"独立"

[1] 不确定喂养方式下，15 月男童头围（47.3±1.3）厘米，女童头围（46.2±1.4）厘米；18 月男童头围（47.8±1.3）厘米，女童头围（46.7±1.3）厘米。

[2] 根据 2006 年世界卫生组织推荐的母乳喂养《5 岁以下儿童体重和身高评价标准》为参照，1~1.5 岁宝宝的体重参考值如本表。

6 步骤让宝宝学会自己上厕所

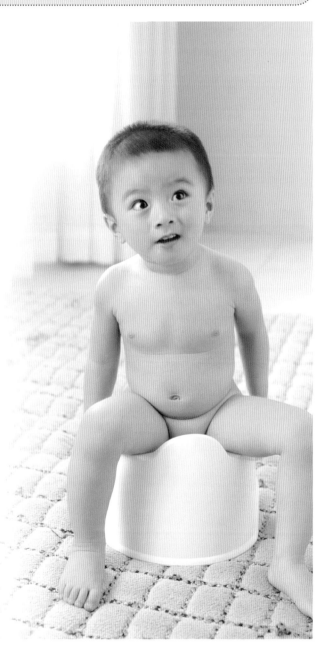

传统的育儿观念习惯于给宝宝把尿、把便，于是常听老人夸奖自家宝宝："我家宝贝 1 岁就会自己上厕所了。"宝宝学会自己上厕所，并不是当他出现大小便意识时让家人给把出来，而是自己走到便盆旁，脱下裤子，然后坐在便盆上自行大小便。

1 岁以后不宜再给宝宝穿开裆裤了，因为开裆裤让他的小屁股少了一层防御，不仅容易碰伤、撞伤，还容易感染细菌或被蚊虫叮咬。但是，不穿开裆裤，问题来了，宝宝不会上厕所怎么办？

宝宝 1.5 岁之前，爸妈要读懂他的尿便信号

在宝宝 1.5 岁之前，爸爸妈妈如果看到玩耍中的宝宝突然停下来，或者嘴里发出哼哼唧唧的声音、小脸憋得通红、双手握拳使劲儿等，说明宝宝有大小便的需求，应尽快带他到便盆或卫生间里上厕所。

还有一个省事的办法，给宝宝穿上纸尿裤。每隔一段时间检查纸尿裤上的信号条，或者摸一摸纸尿裤，感觉有些重时就给宝宝换一片新的纸尿裤。

宝宝 1.5 岁左右开始训练他自己上厕所

宝宝 18 个月之前，神经系统发育尚未达到能够控制大肠、膀胱和肛门组织，在这之前爸爸妈妈很难教会宝宝自己上厕所，所以教宝宝自己上厕所一般在 1.5 岁左右开始。当然，也不要拘泥于这个时间，只要宝宝发出以下信号，你就可以开始训练宝宝如何自己上厕所了。

◎ 在大小便后，能感觉到尿布或纸尿裤湿了、脏了，并用语言或者动作表达不舒服。

◎ 能用语言或行动表达自己想大小便的愿望。

◎ 每天都在固定的时间段大便。

◎ 对大人上厕所的行为表示感兴趣，甚至还会在马桶上坐一小会儿。

◎ 可以保持尿片干燥达 2 小时以上，睡觉醒来时尿布也没有湿。

育婴师教宝宝自己上厕所的方法

第 1 步
让宝宝熟悉自己的便盆
从 8 个月宝宝会坐开始，就开始训练宝宝坐便盆。教宝宝自己上厕所时，还要进行强化训练，经常带他坐一坐便盆，让他逐渐明白便盆与大小便的关系。

第 2 步
教宝宝学会表达大小便信号
教宝宝如何自己上厕所，首先要教宝宝学会表达大小便的想法，如双腿夹紧，用"嘘嘘""尿尿"告诉爸妈自己想小便，用"嗯嗯""便便"告诉爸妈自己想大便。

第 3 步
教宝宝自己脱裤子
当宝宝告诉你，他想上厕所了，你需要把他带到便盆旁边，让他扶着腰部两侧的裤子，然后往下退，把裤子退到脚部位置。如果是男宝宝，则需要把裤子脱至大腿中部，分开两腿。

第 4 步
引导宝宝排大小便
用"嘘嘘"声诱导宝宝小便，用"嗯嗯"声促使宝宝排大便。

第 5 步
清洁小屁股
刚开始时，爸爸妈妈可以让宝宝翘起屁股，以方便清洁。宝宝 2 岁以后，开始训练宝宝自己擦屁股。然后教宝宝抓住腿部裤子的两侧向上拉，穿上裤子。

第 6 步
洗手
宝宝排便后，引导宝宝一起清理便盆里的大小便，然后再把宝宝带到水池边，打开水龙头，帮宝宝洗手，然后用擦手毛巾把手擦干。

小心，家中宠物可能会伤害到宝宝

1 **你家里养什么宠物?**

□狗　□猫　□啮齿类，如仓鼠等
□鸟类，如鹦鹉、鸽子等　□其他

2 **每次接触完宠物，你和家人会立即洗手再抱宝宝吗?**

□会的　□不会，没有那个意识

3 **宝宝平时接触宠物的表现:**

□抚摸宠物　　　□拍打宠物
□抓挠宠物　　　□只看不接触

4 **宝宝每次接触完宠物，有没有给他洗手再吃饭?**

□有　　□没有　□偶尔

5 **是否发生过宠物抓伤、咬伤宝宝?**

□有　　　□没有

6 **宠物有哪些安全隐患?**

□狂犬病 □弓形虫 □猫抓伤 □过敏
　　如果你家里有宠物，且经常接触完宠物忘了给自己和宝宝洗手，或者发生过宝宝被宠物伤害的事件，建议暂时把宠物寄养到亲朋好友家或宠物店。

动物是人类的好朋友，不少人都有养宠物的爱好，但家有宝贝，不要让他跟宠物太亲密，并逐步引导他如何和宠物相处。

1岁以内的宝宝要远离猫狗等宠物

1岁以内的宝宝经常用手抓握、拉扯东西，而这样的动作很容易惹怒猫、狗等宠物，从而导致宝宝被抓伤、咬伤。另外，1岁以内的宝宝抵抗力、自我意识能力都比较薄弱，而小动物身上稍有不洁就容易携带细菌，使宝宝受到感染或引起过敏。所以1岁以内的宝宝要远离猫、狗之类的宠物。

教育宝宝不要去惹怒宠物

宝宝1岁之后，逐渐能听懂爸爸妈妈所说的话的意思，这时可以引导宝宝轻轻抚摸猫、狗、乌龟等宠物，如果宝宝害怕，爸妈不要强求。宝宝摸完宠物后应立即让宝宝用儿童专用洗手液清洗2~3遍手。

宝宝2岁以后，爸爸妈妈要用明确的语言告诉宝宝，不要对宠物吼或者拉拽、踢打宠物，这些行为都会惹怒它。

—— 适合宝宝的宠物 ——

宝宝年龄	适合的宠物
1岁后	金鱼、小巴西龟等
2~3岁以后	兔子、仓鼠等

宝宝不爱睡午觉，怎么办

我们育婴师曾经照顾过的一个宝宝西西，她的精力非常旺盛。每天午睡时间，家里的人都哈欠连天，她仍然玩性不减，来回爬沙发或者堆积木，就是不爱午睡。每次让她午睡，她总是说："不！不！不！"

一部分宝宝跟西西一样，精力旺盛，不爱午睡。一般而言，生长激素主要是在睡着时分泌，尤其是深睡时的效果更好，而学龄前的宝宝正处于生长发育的关键期，如果能在中午有 1~2 个小时的睡眠，对促进生长激素分泌是有好处的。但是，如果宝宝不午睡，应该怎么纠正呢？

1. 没有养成良好的作息习惯

宝宝晚上睡得晚、早上也起得晚，到午睡时间不觉得困，自然不想午睡。

育婴师支招 培养宝宝规律的作息习惯，每天晚上 10 点准时让宝宝上床睡觉，第二天早上 7 点左右叫宝宝起床，坚持一段时间后宝宝自然形成睡眠规律，并且经过一上午的活动后，到午睡时间就觉得困，也就能午睡了。

2. 想睡但又睡不着

有的宝宝困了，想午睡但又睡不着，有可能是身边的人和事吸引了他的注意力。

育婴师支招 给宝宝创造一个安静的睡眠环境，午睡时间不要开电视，可以放轻柔的音乐促进宝宝睡眠。或者是让宝宝躺在床上，妈妈轻拍宝宝，也有促进睡眠的作用。

3. 身边没有依恋的玩具

有的宝宝比较依恋自己喜欢的某个玩具，不抱着睡觉就睡不着。

育婴师支招 尊重宝宝的意愿，让他喜欢的玩具陪他睡觉。

育婴师经验谈

6个月~2岁的宝宝每天需要睡14小时，2岁~4岁睡11~12小时。如果宝宝的总睡眠时间达到上述要求，睡眠质量又很好，宝宝白天精神良好，有活力，就不必强求宝宝一定要睡午觉。

宝宝最佳喂养方案

根据平衡膳食宝塔丰富宝宝的餐桌

宝宝 1 岁之后，他能吃的食物越来越多。这时，爸爸妈妈可根据平衡膳食宝塔，合理地安排宝宝每天的饮食，让他的餐桌变得更加丰富，营养更加全面。

1~3 岁儿童平衡膳食种类及用量宝塔示意图

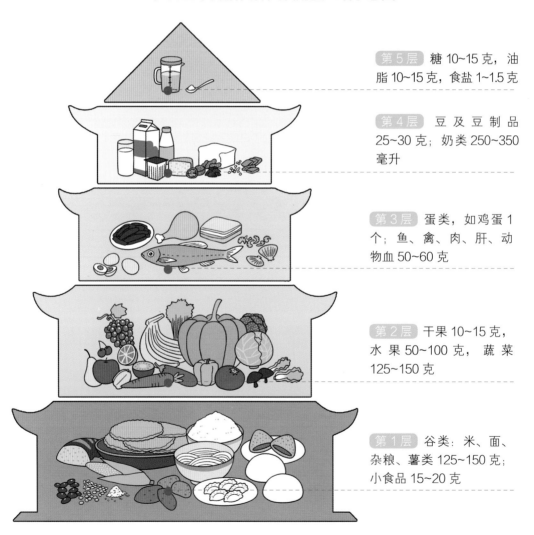

第5层 糖 10~15 克，油脂 10~15 克，食盐 1~1.5 克

第4层 豆及豆制品 25~30 克；奶类 250~350 毫升

第3层 蛋类，如鸡蛋 1 个；鱼、禽、肉、肝、动物血 50~60 克

第2层 干果 10~15 克，水果 50~100 克，蔬菜 125~150 克

第1层 谷类：米、面、杂粮、薯类 125~150 克；小食品 15~20 克

使用平衡膳食宝塔安排好宝宝每一天的饮食

根据平衡膳食宝塔，1~3岁的宝宝的食物量可以简单地概括为：1~2瓶奶，1个鸡蛋，1~2份禽、鱼、肉，2份蔬菜与水果，2~3份谷与豆。其中，1份相当于50克，1瓶牛奶为227克，具体食物量还应随年龄适当调整。

爸爸妈妈给宝宝安排一日三餐时，可根据早、中、晚餐以及加餐的比例，将宝塔中的食物进行分配。1~3岁的宝宝各餐能量分配比例：早餐25%，午餐35%，晚餐30%，加餐10%。我们的育婴师根据上述比例，做了以下宝宝一天饮食安排，供爸爸妈妈们参考：

早晨6点	配方奶150毫升左右
上午8点	蒸蛋羹，面包片
中午12点	菜粥、鱼肉、青菜，有荤有素
下午3点	胡萝卜泥，饼干
下午6点	菜粥或米饭1碗，炒菜1份，西红柿鸡蛋汤1小碗
晚上9~10点	配方奶150毫升左右

使用平衡膳食宝塔的注意事项

1. 灵活使用平衡膳食宝塔

宝塔建议的各种食物摄入量适合一般健康宝宝，在具体运用时，应根据宝宝的年龄、性别、身高、体重、季节、活动量等进行调整。比如身体健康、比较好动的男宝宝，需要的能量高，胃口也好，可以适当多吃一些；身体瘦弱、不爱运动的女宝宝，需要的能量少，可能吃得少一些。宝塔中的食物摄入量只是一个平均值和比例，宝宝吃的比这个数值多或少，只要他体重增加正常、消化吸收良好、精神好，都属于正常现象。平时我们不需要每天都按照宝塔中的推荐量吃，重要的是经常遵循宝塔各层各类食物的大体比例。

2. 同类互换使饮食更多样

让宝宝的饮食变得多种多样，不仅是为了使宝宝得到全面均衡的营养，还能让宝宝尝试不同的食物。宝塔中的每一类食物都有许多品种，同类食物在营养上比较接近，可以互相替换。例如大米可与面粉或杂粮互换；大豆可与相当量的豆制品或杂豆类互换；猪瘦肉可与等量的鸡肉、鸭肉、牛肉互换；鱼可与虾、蛤蜊等水产品互换；配方奶可与羊奶、酸奶、奶酪等互换等。

宝宝爱要别人食物的应对方法

著名教育家陈鹤琴先生曾说："习惯养得好，终生受其益，习惯养不好，终生受其累。"好的习惯必须从小抓起。例如，宝宝看到其他人吃东西，总会眼馋，于是伸手跟别人要，爸爸妈妈要想办法引导，避免宝宝养成跟别人要东西的习惯。

宝宝为什么爱要别人的食物

1 0~3岁的宝宝好奇心很重，别人的东西在他眼里可能是新的从未见过的东西，或者是自己没有的东西。

2 2岁以下的宝宝还不理解"从属关系"，分不出"你的""我的"，只要是他感兴趣的，不管是谁的，想要时就伸手。

3 2岁以上的宝宝虽然理解了"你的""我的"等从属关系，但仍然发生跟别人要食物的现象，是宝宝自控力不够的原因，需要爸爸妈妈进一步引导和训练。

4 大人的娇宠使宝宝以自我为中心，看到想要想吃的东西就跟别人要。这是一种很不好的习惯，爸爸妈妈要及时纠正。

育婴师这样应对宝宝爱要别人食物

1. 出门前带一些食物

带宝宝到户外玩耍时，爸爸妈妈要准备一些食物，当宝宝看到别人吃东西眼馋或跟别人要时，爸爸妈妈拿出食物："我们这儿有，宝宝不要别人的。"宝宝的需求得到了满足，通常就不会再跟别人要了。

2. 家里储备一些必需的零食

有的爸爸妈妈对宝宝的零食限制过严，反而增加了别人的食物对宝宝的诱惑力，使宝宝"眼馋""嘴馋"，所以爸爸妈妈要在家里储备一些健康的零食，如低糖或无糖饼干、开心果、核桃、红枣等。同时，爸爸妈妈也要把握住分寸，不能用零食代替主食，不能有求必应、无原则地迁就宝宝，这样会让他养成爱吃零食的坏习惯。

3. 平时多跟宝宝讲道理

平时爸爸妈妈多跟宝宝解释"自己的""别人的"，让他逐渐懂得自己的东西可以自己支配，别人的东西不能随便要、随便吃。同时，还要告诉宝宝，即使别人热情地给他食物，也要经过爸爸妈妈的同意才能接受。

4. 培训宝宝的自控能力

当宝宝要求拿零食时，爸爸妈妈可以告诉他现在家里没有，等下午去超市时买。逐渐延迟满足宝宝愿望的时间，让他慢慢学会等待，学会控制。

5. 转移宝宝的注意力

如果宝宝非要别人的食物时，爸爸妈妈先要告诉宝宝，向别人要东西很不好，大家都不喜欢，如果想吃，跟妈妈回家拿，

然后带宝宝离开，或者用其他事情吸引宝宝的注意力，如告诉他："宝宝，我们去那边看汽车！"

6. 与他人交换分享

宝宝拿了别人的食物，爸爸妈妈要引导宝宝跟对方说"谢谢"，并把自己的零食与他人交换分享，慢慢让他明白，人与人之间的交往是相互的，要学会和其他人一起分享。

• 给宝宝准备一些健康小零食，如开心果、核桃、红枣等。

179

适合 1~1.5 岁宝宝的营养食谱

红白豆腐 适合1岁以上宝宝

材料：猪血、豆腐各 1 块，姜、小葱适量，酱油少许。

做法：1. 猪血、豆腐分别切成小方块，冷水下锅煮沸后捞出。

2. 姜洗净，切末；小葱洗净，切花。

3. 炒锅放在灶上，加入少许油，烧热后下入猪血块、豆腐块、姜末翻炒 2~3 分钟，加酱油、半勺水、小葱翻炒均匀就可以了。

> **育婴师美食经验**
>
> 也可以加入一些青菜碎，如菠菜、圆白菜等，营养又开胃。

彩椒鱼丁 适合1岁以上宝宝

材料：净鱼肉 150 克，鸡蛋 1 个，盐、白糖少许，青椒、红椒、葱、姜、酱油适量。

做法：1. 用一个小锅，加入小半碗水，加葱段、姜片，煮沸后转小火再煮 5 分钟，捞出葱姜即成葱姜水。

2. 鱼肉洗净，剁成茸，加少许葱姜水、盐、糖，打入鸡蛋，搅拌均匀，然后放入蒸锅里蒸熟成鱼糕，取出切成丁。

3. 青椒、红椒洗净，去籽，切成丁。

4. 锅内加少许油烧热，下入青椒、红椒炒软，加入鱼肉丁继续翻炒，倒入少许酱油调味。

鸡肉拌南瓜 适合 1.5 岁以上宝宝

材料： 鸡胸肉 50 克，南瓜 100 克，盐、酸奶酪、番茄酱各适量。

做法： 1. 鸡胸肉洗净，冷水下锅煮熟，捞出后撕成丝。

2. 南瓜洗净，去皮、子，切成丁，放入蒸锅里蒸熟。

3. 把南瓜、鸡丝放入盘中，加入酸奶酪、番茄酱拌匀就可以了。

育婴师美食经验

也可以把南瓜换成山药、土豆、地瓜等富含膳食纤维的根茎类食物，这些食物能润肠通便，帮助宝宝预防便秘。

紫菜饭卷 适合 1.5 岁以上宝宝

材料： 大米 100 克，紫菜 50 克，黄瓜、胡萝卜适量，白醋、白糖少许。

做法： 1. 大米淘洗干净，放入锅中加水煮成米饭，然后盛出凉凉，放少许白醋和糖拌一拌。

2. 黄瓜、胡萝卜分别洗净，切成小条。

3. 把紫菜剪成 6 厘米见方的块，铺在案板上，然后放上适量米饭、胡萝卜条、黄瓜条，卷成条状，压紧，继续用同样的方法卷起剩下的米饭和胡萝卜条、黄瓜条就可以了。

摔伤擦伤：爸爸妈妈应提前掌握急救处理方法

宝宝会走路之后，摔伤、擦伤是常事，爸爸妈妈要提前掌握一些急救处理方法，以备不时之需。

瘀青的处理

宝宝有时摔倒，皮肤表面没有出现伤口，但皮下组织受到了损伤，出现瘀青。这时，爸爸妈妈应这样处理。

1 24小时内，用凉的湿毛巾帮宝宝冷敷受伤部位，或者用毛巾包住冰块进行冷敷。

2 24小时之后，用温热的毛巾敷受伤部位，同时涂抹红花油、扶他林等药物，用手掌跟轻柔，使药物被充分吸收。

头部肿包的处理

宝宝摔倒，很容易摔到头部，使额头、后脑等部位出现肿包。这时，爸爸妈妈要先察看宝宝肿包的地方是否有表皮破损，如果有可按照上面提到的方法进行消毒。如果没有破损，可用凉毛巾先冷敷，24小时后用温热的毛巾敷，同时涂抹消肿药膏。

擦破点儿皮的处理

宝宝摔倒后最常见的外伤就是擦破点儿皮，即皮肤表层被擦破，有少许渗血。也有的宝宝摔倒时手脚碰到地面的位置比较多，擦伤面积较大，看上去红一大片，不过出血量不多，爸爸妈妈不用太担心，用以下3个步骤进行处理就可以了。

第1步	第2步	第3步
用干净的水，如医用生理盐水、矿泉水等，冲洗伤口表面，清洁皮肤表面的脏东西。千万不要用自来水，自来水中有可能含有细菌，容易引起伤口感染。	用医用酒精清洗伤口周围比较脏的皮肤。	用棉球蘸取碘酒涂抹伤口，让伤口暴露在空气中，一般2~3天就会结痂。

育婴师提示

如果处理完之后，伤口表面有渗出液，则需用消毒纱布进行简单包扎。如果擦伤面积比较大，伤口上沾有无法自行清洗掉的沙粒、脏物，或者受伤的部位是脸部、耳朵、眼睛等重要位置，要立即带宝宝去医院。

磕破口子要先止血

如果宝宝摔倒后，皮肤裂开，伤口比较深，出血比较多，就要先止血，然后立即带宝宝去医院治疗。止血的方法分3步：盖、压、包。

到医院后，医生会根据宝宝的伤口情况判断是否需要缝合及打破伤风针。宝宝受伤后比较痛，会哭闹，爸爸妈妈需要安抚他，把他抱起来，轻轻拍他的后背，告诉他："医生帮助处理后很快就好了。"让宝宝慢慢安静下来。

如果伤口不大，贴创可贴就可以了。若伤口比较大，要用消毒纱布或干净的手帕盖上。育婴师提醒爸爸妈妈，千万不要用棉球或卫生纸来覆盖宝宝的伤口，因为棉球中的纤维及纸屑容易与伤口粘连，不容易清洗。

盖好出血的地方后，用手压住出血部位10~20分钟。如果出血比较多，需要用手压住伤口近心端的动脉，阻止出血。

血止住后，用急救绷带或消毒纱布进行简单包扎，然后带宝宝到医院。

伤口结痂前后注意事项

不论是擦伤还是磕破口子，在伤口结痂前后，都不能碰水，伤口结痂后，结痂的地方发痒，宝宝会用手挠，这时爸爸妈妈要告诉他："不能挠这里，会疼的。"或者用玩具转移宝宝的注意力。如果伤口比较大，可找医生开一些外用的药物给宝宝涂抹，舒缓他的痒感。

烫伤：降温散热后要及时就医

宝宝会走之后，对房间里的每一样物品都充满了好奇，有时可能拉拽桌布使装开水的水壶掉下来而造成烫伤。当发生烫伤时，爸爸妈妈应先进行紧急处理，给宝宝降温散热，以减少烫伤对皮肤的伤害，再尽快带宝宝去医院。

3 步紧急处理烫伤

第1步
脱掉被热水浸透的衣服，或是用剪刀剪开覆盖在烫伤处的衣服、鞋袜等。如果衣服跟皮肤粘在一起了，千万不要拉拽或用力脱，应到医院处理。

第2步
将宝宝烫伤的部位放在水龙头下持续冲洗 30 分钟左右，或者放在冷水中浸泡，这样做能迅速降低烫伤部位的温度，减少疼痛感。如果被烫伤的部位不方便冲洗或浸泡，可用冷的湿毛巾进行冷敷。

第3步
症状比较轻的，可涂抹烫伤膏后再去医院。如果烫伤的部位红一片，且有水疱，说明烫伤严重，做完紧急处理后立即就医。在未就医之前，不要用紫药水、红汞或其他东西涂搽，以免影响观察烫伤部位的变化及感染。

经治疗后的护理

1. 遵医嘱给宝宝换药

对于一般的烫伤，通常不需要住院，出院回到家后，爸爸妈妈要按照医嘱给宝宝换药。换药的方法：解开纱布，用医用酒精对创面进行消毒，然后涂抹医生开的药膏，再包上纱布，用胶布固定。如果怕自己换不好，可到医院换药。

2. 观察宝宝的情况

在宝宝烫伤未痊愈之前，要留意宝宝的身体情况，若出现发热、食欲下降、精神不好、哭闹不止、伤口有渗液或流脓，说明发生了感染，应立即就医。

3. 伤口不要沾水

不要让伤口沾水。如果宝宝因为疼痛而哭闹，可用毛巾包着冰袋，隔着衣服给宝宝冰敷烫伤的部位，有助于减轻疼痛。

4. 避免阳光照射

烫伤的部位不要让阳光直接照射，因为阳光中的紫外线可对皮肤造成损伤，影响烫伤部位的痊愈。

5. 饮食上有忌口

宝宝被烫伤之后，不要给他吃海鲜、螃蟹、鲫鱼等发物，也不要吃辛辣刺激性的食物如辣椒、葱、姜、蒜等，以免刺激烫伤部位发痒，不利于康复。

麻疹上演"潜伏记"，爸妈要认真辨别

婷婷是我们的一位育婴师照顾过的宝宝，她在1.5岁时生病了，刚开始时流鼻涕、打喷嚏、咳嗽、发热38.5℃，这些症状看起来就像感冒。婷婷妈妈就按照感冒来给她调养，给她吃了退热药，还每隔几分钟就给她喂一次水。但是，2天过去了，婷婷的体温没有降下来，嘴里还出现了针尖大小的斑点。我们育婴师一看，斑点发白，周围有红晕，有可能是麻疹，于是赶紧和婷婷妈妈一起带着婷婷去医院。经过检查确定，婷婷出麻疹了。

爸爸妈妈是宝宝最亲近的人，宝宝不舒服时爸爸妈妈通常是第一个发现的人。但是，如果爸爸妈妈不了解一些疾病的病症和处理方法，很容易像婷婷妈妈一样"误诊"。麻疹的发生有潜伏期，刚开始时看起来像感冒，所以容易被爸爸妈妈诊错。那么，麻疹的潜伏期是多久？有什么典型的表现？宝宝出麻疹后怎么护理？不要着急，我们的育婴师会给各位爸爸妈妈一一讲解。

认识小儿麻疹

小儿麻疹是一种由麻疹病毒引起的急性呼吸道传染病，6个月~5岁的宝宝是高发人群。麻疹病毒的传染性很强，如果宝宝没有接种过麻疹疫苗，一旦接触了麻疹病毒，就会立刻被传染。宝宝得了麻疹，痊愈之后，身体会自动产生抗体，之后不容易再被传染。

麻疹的发生和发展要经历潜伏期、出疹前期、出疹期、恢复期4个阶段，各个时期宝宝会有不同的表现，详见下表。

麻疹的发生和发展过程详解

发展时期	发展时间	症状表现	育婴师提示
潜伏期	10~14天	没有明显症状，但也有部分宝宝口腔内开始排出麻疹病毒，或短时间出现轻度发热	注意观察宝宝的精神状态、食欲情况，如果发现宝宝比较安静、精神萎靡、胃口差，说明他不舒服了，需要爸爸妈妈带他去医院检查

发展时期	发展时间	症状表现	育婴师提示
出疹前期	3~5 天	刚开始时表现为类似于感冒，出现咳嗽、流鼻涕、打喷嚏、声音嘶哑等症状，体温徘徊在 38℃ ~39℃。一般在发热 2~3 天后，宝宝口腔内开始出现像针尖大小、周围有红晕、发白的斑点	出诊前期的症状跟感冒很相似，但也能发现"端倪"——患有麻疹的宝宝比普通感冒时的流鼻涕严重，会有怕光、流眼泪、眼白充血、口腔内有圆圆的小点
出疹期	3~5 天	• 持续发热后的第 3~4 天：宝宝的体温可升高到 40.5℃，随后耳后、颈部、发际边缘等开始出现稀疏、不规则的红色皮疹 • 第 5 天：皮疹向下发展，遍及面部、胸前、后背、上肢 • 第 6 天：皮疹累及下肢及足部，同时皮疹逐渐由小块连成片，呈斑状 • 出疹期间，宝宝的高热持续不退，脸部微肿，口腔内溃烂，眼部充血并有大量分泌物，有的还会出现呕吐、腹泻的症状	如果疹子没有顺利出来，而是颜色淡且稀疏，没有红色透出来，或者有红色马上又消失，这属于出疹的严重情况，应立即带宝宝去医院治疗
恢复期	3~10 天	从第 7~10 天开始，宝宝的体温逐渐下降至正常，身体各方面功能开始恢复，红色的皮疹按照出疹的顺序慢慢变成褐色。大概 1 个月后，红色的皮疹完全消退，宝宝的皮肤上留有糠麸状脱屑及棕色色斑	如果宝宝没有如期恢复，而是出现呼吸急促、高热烧不退、面色苍白或青紫，应立即就医

宝宝患麻疹期间的护理事项

患有麻疹，除了对症给宝宝降温之外，没有相应的药物，只能通过护理的手段来减轻宝宝的不适，让麻疹顺利出完，然后自然痊愈。

1. 保证充足的睡眠

宝宝患有麻疹，爸爸妈妈暂时不要带他到户外玩耍，应让他多休息，直至皮疹消退、体温恢复正常。

2. 经常给居室通风

每天给房间通风 2 次，每次 20~30 分钟，但要避免让宝宝吹风。室内温度宜保持在 18~22℃，湿度保持在 50％～60％，可开空调、加湿器进行调节。

3. 勤换勤洗

当宝宝开始出疹时，在室温条件允许的情况下，每天用温水给宝宝擦浴，但忌用肥皂；宝宝如果有腹泻症状，要及时给宝宝更换尿布，保持臀部清洁干爽；给宝宝剪指甲，以防宝宝抓挠而导致皮肤感染。

出疹期间，给宝宝穿着的衣服要宽松、舒适，贴身的衣服一定要是纯棉材质的，以减少对皮肤的刺激；给宝宝盖的被褥要冷热适度。忌给宝宝捂汗，以免加重宝宝发热症状。当宝宝出汗时，要及时给宝宝擦干汗液并更换衣服。

4. 口腔的清洁护理

每天用棉签蘸取生理盐水擦拭口腔，1 天 2 次；大一点的宝宝可以直接用生理盐水漱口，以预防口腔炎症的发生。

5. 根据病程安排饮食

◎ 出疹期间：给宝宝安排的饮食最好是以牛奶、豆浆、稀粥、藕粉等流质或半流质食物为主，每天 6~7 餐。

◎ 恢复期：开始食用少量软食，每天三餐，再加 1~2 次点心。不要给宝宝食用油腻、生冷、酸辣的食品。

◎ 不论是在哪个发展期，都要多给宝宝喝水，既能补充水分，还可清洁口腔，也可遵医嘱给宝宝服用补液盐。

• 宝宝出麻疹时，室内要经常开窗通风，但要注意，开窗时应将宝宝抱到其他卧室或客厅，避免宝宝直接吹风。

宝宝出水痘，一定要避免抓挠

水痘是由水痘－带状疱疹病毒初次感染引起的急性传染病，多发于冬春两季。水痘的传染性很强，喷嚏、咳嗽时的飞沫，或者接触患有水痘的宝宝，都可能受到感染。跟麻疹类似，水痘属于自限性疾病，没有相应的药物治疗，痊愈后可产生免疫抗体，不容易再受水痘－带状疱疹病毒感染。

宝宝发生水痘的表现

宝宝感染水痘－带状疱疹病毒后，通常会有2周左右的潜伏期。潜伏期过后，宝宝的头皮、脸部、臀部、腹部等开始出现直径为2~3毫米的红色皮疹，短短几个小时至半天时间后，红色皮疹逐渐变成含有透亮疱液体的小水痘，同时伴有发热的现象。

宝宝出水痘2~3天后，水痘逐渐干结，形成黑色的疮痂，所有水痘变成疮痂的时间一般需要1~2周。之后，疮痂脱落，宝宝的皮肤慢慢愈合，恢复如初。

水痘有一个很大的特点——奇痒无比，宝宝总会因为忍不住而抓挠，很容易发生感染。被抓破的水痘之处，可形成凹痕，当水痘干涸、疮痂脱落后，原先被抠破的地方就有可能留疤。

宝宝出水痘期间，如果出现以下这些情况，需要立即就医。

◎水痘疱疹发生感染，出现脓包、脓痂。

◎宝宝长水痘时，一般连续4~5天会出现新鲜的水痘疱疹，如果在病症的第6天仍然出水痘，爸爸妈妈要引起重视，尽快带宝宝看医生。

◎宝宝出痘时持续高热、嗜睡，精神萎靡，看起来脸色很差。

出水痘期间以及恢复期的护理

1. 遵医嘱用药

目前虽然还没有专门针对水痘的治疗方法，但医生会根据宝宝出水痘期间的症状，使用抗病毒药物。如果宝宝体温超过38.5℃，还需要遵医嘱给宝宝喂退热药。因为水痘很痒，宝宝爱抓挠，医生也常会开一些外用的洗液，爸爸妈妈需要做的事情就是根据医生说的方法，正确给宝宝用药。

2. 避免宝宝抓挠

爸爸妈妈应把宝宝的指甲剪短，并告诉宝宝不能抓挠。如果宝宝太小，听不懂大人的话或自控能力差，只好用纱布做成手套给宝宝戴上。

3. 注意避免感染

◎水痘变疮痂之前，最好不要给宝宝洗澡，可以用淋浴冲洗宝宝的臀部，然后用毛巾蘸温开水轻轻给宝宝擦脸、擦身体。

◎水疱破裂后，疱液会污染宝宝的衣服、被褥，而疱液中含有细菌，所以要给宝宝勤换衣服、床单、枕头等。把这些物品清洗干净后，放在阳光下暴晒6个小时，可以起到杀菌作用。

◎宝宝使用的餐具、玩具等，要及时清洗消毒。

4. 避免让宝宝大量出汗

给宝宝穿的衣服、盖的被褥不宜过多、过厚、过紧，太热了出汗会使水疱发痒。

出水痘宝宝的饮食安排

1 多给宝宝吃富含膳食纤维的食物，如白菜、芹菜、菠菜、豆芽菜等，这些蔬菜中的膳食纤维有助于清除体内的积热。

2 给宝宝喝大量的水，因为宝宝患水痘期间可能因为发热而出现大便干燥的情况。爸爸妈妈除了每隔几分钟就给宝宝喂温开水之外，还可以给宝宝喂一些果汁、蔬菜汁，如西瓜汁、鲜梨汁、鲜橘汁、番茄汁等。

3 让宝宝多吃一些具有清热利水作用的食物，如菠菜、苋菜、荠菜、莴苣、黄豆、黑豆、红豆、绿豆等，这些食物有助于病毒的排出，对水痘的痊愈有促进作用。

• 宝宝长水痘期间，可以给他适当吃一些豆类和豆制品，既容易消化，又能补充营养。

爬上爬下，让宝宝的手脚更协调

14 个月时，宝宝可以通过手脚并用爬 1~2 个台阶。在这之前，爸爸妈妈可以有意识地让宝宝爬上爬下，以锻炼宝宝的四肢力量，促进他手脚和全身的动作协调。

爬过障碍物

准备物品：大浴巾 1 条，或枕头、被子等。

游戏方法：

① 把大浴巾卷成圆柱形，放在妈妈和宝宝的中间。也可以用枕头、被子等作为挡在宝宝和妈妈中间的障碍物。

② 妈妈伸出一只手，引导宝宝走向自己，并爬过障碍物来到自己的身边。刚开始时宝宝可能不敢爬障碍物，妈妈可以牵着宝宝的一只手，告诉他："加油！爬过来！"另一只手扶着他的肩膀或腋窝，让

宝宝加油

他用踩的方式过障碍物。

③ 当宝宝通过障碍物来到妈妈身边时，妈妈要夸赞他："你爬过去了，真棒！"

爬床、爬沙发

在家里多鼓励宝宝爬床、爬沙发。当宝宝手脚并用地爬时，爸爸妈妈别着急帮忙，等他反复几次爬不上去，爸爸妈妈要鼓励他："加油！再用力就上去了。"同时在宝宝即将滑下来时，用手向上托宝宝的双脚，帮助他爬上去。反复练习一段时间后，宝宝自己就能爬上床、爬上沙发了。

自制"楼梯"

准备物品：3 张高矮不一的宽凳子。

游戏方法：

① 把 3 张凳子按照"矮凳子 + 高凳子 + 矮凳子"的顺序，拼成楼梯。

② 刚开始时可牵着宝宝的手上下楼梯，等他适应后再让宝宝自己爬上楼梯再爬下来。

爬滑滑梯

带宝宝到儿童游乐园玩时，鼓励宝宝爬矮滑梯的楼梯，鼓励他扶着滑梯的栏杆滑下来。刚开始时，宝宝可能不敢自己滑滑梯，妈妈就带着宝宝在滑梯旁边看其他宝宝玩，宝宝会逐渐喜欢上滑滑梯的游戏。

捏捏、拍拍、插插，让宝宝用力、用巧劲儿

1岁之后，宝宝的小手越来越灵活了，他能反转瓶子倒出小丸，还能捏住小丸再放入瓶中。爸爸妈妈不要错过宝宝的这一特点，经常让他捏、拍橡皮泥，用牙签插水果，让他练习手指用力、用巧劲儿，为他今后顺利使用筷子做好准备。

准备物品：橡皮泥，黄瓜、苹果、火龙果等水果，牙签。

游戏方法：

1 让宝宝自己从橡皮泥的盒子里挖出橡皮泥，鼓励他捏、搓、拍打橡皮泥。妈妈可以先给宝宝示范，先将橡皮泥搓圆，然后用棍子擀成饼干，或者搓成面条等。

2 鼓励宝宝制作各种"新产品"，每当宝宝向你展示时，一定要夸奖他。你可以先问他："你做的什么呀？"引导宝宝回答，如果他不回答，你可以代他回答："你做的是饼干，妈妈说对了吗？"这样不仅能让宝宝受到鼓励而自信，还有助于他语言能力的发展。

3 平时爸爸妈妈可将各种水果切成块状，放入碗里。准备几根牙签，减掉前面尖的部分，然后让宝宝一根一根地插在水果上，再用牙签吃水果。宝宝在插牙签时，爸爸妈妈要留意他拿牙签的姿势，最好是拇指、食指捏，这样能让他在插水果时手指用力。

育婴师提示

和宝宝玩的某个游戏，不要单一地只为激发宝宝的某种潜能，而是多管齐下，让宝宝在语言刺激、动作训练、认知扩展、情感交流等方面都能得到锻炼。例如"捏捏、拍拍、插插"游戏，让宝宝捏橡皮泥，既能锻炼宝宝的动手能力，也能激发他的创造思维，爸爸妈妈的询问、回答等语言引导还能促进他的语言能力发展。

儿歌填字，增强宝宝的记忆力

1岁以后，宝宝的词汇量增加很快，不到15个月就会说10个词，与之同步的记忆力也比以前有所提高。这时，爸爸妈妈可经常给宝宝念儿歌，让他填填字，有助于增强他的记忆力。

游戏方法：给宝宝念一首儿歌，重点读押韵的词，等到宝宝听熟后再开始游戏。下面以《一二三四五，上山打老虎》为例进行填字游戏。

在念"五"时，把这个音空出来让宝宝自己念。如果宝宝念出这个音了，再用

《一二三四五，上山打老虎》

一二三四五，上山打老虎。

老虎没打着，打着小松鼠。

松鼠有几只，让我数一数，

数来又数去，一二三四五。

同样的方法引导宝宝念出"虎""鼠"。这样反复来回几遍，直到宝宝熟悉为止。也可以念"一二三四五"时，空出某个数字，让宝宝填上。

照镜子，指出耳朵、眼睛、鼻子、嘴巴

15个月以上的宝宝对看过的人和事，能保持几天的记忆力。爸爸妈妈每天让宝宝对着镜子看自己的耳朵、眼睛、鼻子、嘴巴，能使他认识自己身体上的器官，还能加深他对这些部位的记忆。

游戏方法：

① 爸爸或妈妈与宝宝一起面向镜子站好。

② 握着宝宝的小手，指着镜子里宝宝的鼻子说："这是鼻子。"指着宝宝的嘴巴说："这是嘴巴。"按照同样的方法帮宝宝认识耳朵、眼睛。反复练习多次。

③ 爸爸或妈妈说出"耳朵"，宝宝即

用手指出镜子里的自己的耳朵。用同样的方法让宝宝指出其他器官。

走、蹲、跳，训练宝宝各种运动能力

16个月以后，宝宝不仅走得稳当，还有了新技能——立定跳远。到18个月时，宝宝还能小步跑。这些都是宝宝运动技能发展的表现，爸爸妈妈要利用好这一特点，训练他走、蹲、跳，以提高宝宝的运动能力。

准备物品：长绳子1根，玩具若干，筐子1个，小凳子2张。

游戏方法：

1 在两张凳子中间系上一根长绳子，凳子之间的距离为10米左右，在绳上隔几步挂上一个宝宝容易拿下来的玩具，在两张凳子中间放一个小筐，然后鼓励宝宝走过去把玩具拿下来，放进筐子里。宝宝一边走一边取玩具，每当他拿到一个玩具时，爸爸妈妈都要鼓掌："宝宝真棒，又拿到了一个玩具！"

2 宝宝把玩具都取下来放进筐子里后，让他挑出一件和妈妈一起玩。宝宝挑玩具时，妈妈可引导他蹲下来挑，挑好后扶着玩具筐自己站起来。

3 在地上画一组10~15厘米宽的平行线，宝宝站在平行线的一边，妈妈拉着宝宝的双手，引导宝宝跳到另外一边平行线。刚开始时，宝宝可能还不会跳，妈妈要做好示范动作。

4 准备一张10~15厘米高的小凳子，先扶宝宝上去，再拉宝宝双手让他跳下来。

育婴师经验谈

在和宝宝一起做潜能开发游戏时，爸爸妈妈的示范动作很重要，最好跟教宝宝做的动作一致，如果前后不同很容易让宝宝混淆，不知道该做哪个动作。

穿彩珠，宝宝的小手变灵巧

在宝宝 1.5 岁左右，和他一起玩穿珠，能帮助他练习手眼协调能力，促进他小手的肌肉运动。

准备物品：尼龙绳、彩色木珠。

游戏方法：妈妈先给宝宝示范把尼龙绳穿进木珠洞眼里，然后先手把手教宝宝穿几个，等宝宝熟练后再让他自己穿，他会根据你之前教的方法，自己一手拇指、食指捏木珠，另一手拿着尼龙绳穿过木珠。当宝宝成功时，妈妈要鼓励他："宝宝穿过去喽，真棒！"

听儿歌学开车，宝宝很聪明

16~18 个月的宝宝能听懂简单的儿歌，还会跟着模仿儿歌的发音，做跟儿歌相关的动作。这时爸爸妈妈经常让宝宝听儿歌，学做一些小动作，有助于宝宝练习口头表达能力和动作模仿能力，还能扩展宝宝视野，增加他的知识储备。以《学开车》为例，儿歌朗朗上口，宝宝可根据儿歌模仿手握方向盘的动作，并在大人"红绿灯"的指示下通过路口或暂停，既能让宝宝学儿歌、做动作，还能储备红绿灯的知识。

《学开车》

小汽车，嘀嘀嘀，
开过来，开过去。
小宝宝，当司机，
送妈妈，上班去。

准备物品：长方形纸牌 2 张，分别画上红灯、绿灯；汽车方向盘玩具 1 个。

游戏方法：

1 宝宝手握汽车方向盘玩具，一边念儿歌一边向前进："小汽车，嘀嘀嘀，开过来，开过去。小宝宝，当司机，送妈妈，上班去。"

2 爸爸拿着自制的红灯纸牌说："红灯亮了。"让宝宝停下。十多秒钟之后，爸爸拿着自制的绿灯纸牌说："绿灯亮了。"宝宝继续前进。

 育婴师经验谈

刚开始让宝宝玩"听儿歌学开车"的游戏时，他可能不会遵守"交通规则"，爸爸妈妈可以先给他讲解"红灯停、绿灯行"，然后给他念儿歌，等他都熟悉后再开始游戏。

第七章

1.5~2岁：
总想自己做主

- 宝宝「左撇子」，一定要纠正吗
- 2岁了还在用奶瓶，得戒！
- 培养宝宝夜间不尿床的好习惯
- 安排好宝宝的一日三餐和加餐
- 有计划地给宝宝吃健康零食
- 重要部位进异物的正确处理方法
- 宝宝生病总不好，可能是过敏惹的祸
- ……

宝宝成长测试

1.5~2 岁（19~24 个月龄）宝宝体格发育参考 [1]

性别	月龄	体重（千克）[2]	身高（厘米）	体质指数
男宝宝	19 月	11.14 ± 0.11	83.2 ± 2.8	16.1 ± 1.25
	20 月	11.35 ± 0.11	84.2 ± 2.8	16.0 ± 1.25
	21 月	11.55 ± 0.11	85.1 ± 2.9	15.9 ± 1.25
	22 月	11.75 ± 0.11	86.0 ± 2.9	15.8 ± 1.25
	23 月	11.95 ± 0.11	86.9 ± 3.0	15.8 ± 1.25
	24 月	12.15 ± 0.11	87.1 ± 3.1	15.7 ± 1.20
女宝宝	19 月	10.44 ± 0.12	81.7 ± 3.0	15.7 ± 1.35
	20 月	10.65 ± 0.12	82.7 ± 3.0	15.6 ± 1.35
	21 月	10.85 ± 0.12	83.7 ± 3.1	15.5 ± 1. 35
	22 月	11.06 ± 0.12	84.6 ± 3.1	15.5 ± 1. 35
	23 月	11.27 ± 0.12	85.5 ± 3.2	15.4 ± 1.35
	24 月	11.48 ± 0.12	85.7 ± 3.2	15.4 ± 1.30

19~21 月龄宝宝智能发展

领域能力	19 个月	20 个月	21 个月
大动作能力	• 连续跑 3~4 米 • 能独脚站立片刻	能爬上椅子，会自己下来	• 能扶栏杆下楼梯 • 弯腰、蹲下、起立都很熟练
精细动作能力	可以将杯子里的水从一个杯子倒到另外一个杯子	• 能自己拉开衣服拉链，并尝试自己拉上拉链 • 一页一页地翻书，不再像以前那样大把翻或 2~3 页翻书	• 双手端杯子喝 • 用勺子吃饭时撒得少
语言能力	用名字来称呼自己	会说 3~4 个字的句子	• 会说 "我的" • 能指认书中的人物
认知能力	• 能记住常用物品在哪儿 • 能区分物体的大小	能按指示做两个连续动作	• 能说出常见物的用途 • 能正确地说出自己的性别

领域能力	19 个月	20 个月	21 个月
情感与社交能力	生气时大喊大叫	• 能辨别成人表情中蕴含的情绪 • 在失败时显得焦虑	• 喜欢看镜子里的自己 • 用语言表达需求

22~24 月龄宝宝智能发展

领域能力	22 个月	23 个月	24 个月
大动作能力	• 能踮起脚尖走几步路 • 不用扶栏杆就能自己上台阶	• 双足跳离地面 • 跑步平稳，可以绕过障碍物	• 会骑跨小三轮车 • 能从低台阶跳下来 • 进行双脚蹲跳
精细动作能力	• 能把硬币放入存钱罐里 • 能把黏性纸贴在书上或身上	熟练地拧开或拧紧瓶盖，还会把稍大些的螺丝旋转进孔中	• 可以将 3 块形状板放进相应的孔中 • 能准确地用勺子独立吃饭 • 能模仿画简单的图形
语言能力	开始学会使用否定和疑问的表达方式，开始用"不睡""不吃""不要"等语句来拒绝，有时还会提出"是吗"的疑问句	• 会说不完整的儿歌 • 会用词回答"这是什么？""XX 到哪里去了"	• 能看图讲出故事主角、情节 • 会模拟一些情景会话，如打电话
认知能力	• 可以从 1 数到 10 • 能分清前后	• 分清左右手 • 知道红绿灯的含义	• 根据音乐的节奏做动作 • 初步有了时间和空间的概念，知道白天、黑夜、现在、明天、快点等
情感与社交能力	• 不愿意把东西给别人 • 愿意同熟悉的人打招呼	• 有了初步的是非观，知道什么是对，什么是错 • 学会察言观色，能判断出别人是真生气还是假生气	• 喜欢帮大人做事 • 初步理解排队、等待等规则

[1] 不确定喂养方式下，21 月男童头围（48.3±1.3）厘米，女童头围（47.2±1.4）厘米；24 月男童头围（48.7±1.4）厘米，女童头围（47.6±1.4）厘米。

[2] 根据 2006 年世界卫生组织推荐的母乳喂养《5 岁以下儿童体重和身高评价标准》为参照，1.5~2 岁宝宝的体重参考值如本表

宝宝日常生活照护

宝宝"左撇子"，一定要纠正吗

我们的一位育婴师前几天在朋友圈里看到一条好友新动态：

> 家有熊孩子一枚，1岁10个月大，常常用左手拿着奶瓶满足地喝着奶，就算吃其他东西也总是先用左手拿调羹。我要求他换手时，才很不情愿地改用右手拿汤匙调羹。真担心他将来会是个"左撇子"。为了避免将来上学后"与众不同"，我该做些什么？

看到宝宝喜欢用左手抓东西、拿勺子，你是否也像育婴师朋友圈里的那位家长一样，担心宝宝是"左撇子"呢？如果宝宝是左撇子，需不需要纠正呢？

不论哪只手，都促进大脑发育

大脑是人体的中控台，手脚是大脑的神经末梢。当我们的左手、左脚触碰到东西时，传导神经会把这种感觉传回右脑；而右手、右脚触碰到东西时，感觉会传到左脑。左右脑收到信息后，经过统筹整理，再发出指令，让我们的手脚执行动作。所以，左脑指挥人的右手、右脚，右脑指挥人的左手、左脚，而经常使用的不论是左手还是右手，都可刺激大脑，促进大脑的发育。

宝宝手部动作与大脑发育的关系

1岁前：宝宝左右脑的功能没有分化，左右手的分工也没有明确，这个阶段的宝宝经常双手一起上，例如用双手拿奶瓶、拿玩具，双手、双脚一起爬行。

1~2岁：宝宝左右脑开始分化，宝宝左右手也在"争论"分工问题，爸爸妈妈可以从宝宝平时的习惯中隐约看出宝宝喜欢用哪只手拿东西，哪只手做动作。

2~3岁：宝宝的各种能力比以前更加协调，动作反应变成反射性行为，他惯用哪只手也逐渐明朗起来。

3~4岁：宝宝用手做事情的机会变多，他会主动以管用的那只手来操作。

儿童时期"左撇子"比较多

人的大脑分左右功能区，左脑负责逻辑思维能力，右脑负责形象思维能力。儿童时期，形象思维占主导地位，逻辑思维能力相对较差，所以宝宝的右脑功能偏强。左手受右脑"指挥"，故而儿童时期"左撇子"比较多，爸爸妈妈不用太担心。

非得纠正"左撇子"吗

对于宝宝喜欢用左手是否要纠正的问题，我们育婴师的建议是顺其自然让宝宝使用左手，并多鼓励他尝试用右手。

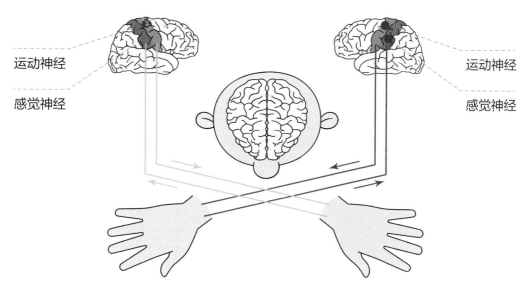

右脑：形象思维，音乐　　　　　　　　　左脑：逻辑思维，语言

运动神经　　　　　　　　　　　　　　　运动神经

感觉神经　　　　　　　　　　　　　　　感觉神经

1　当宝宝逐渐表现出使用左手的习惯时，爸爸妈妈应顺其自然，尊重宝宝的意愿，不要强迫他改变用手习惯。因为强行要求宝宝用他不习惯使用的那只手，很容易出现挫败的情况，这会让宝宝觉得很无助或变得焦虑，还有可能造成宝宝说话结巴、情绪不安等。

2　在接受宝宝"左撇子"的基础上，爸爸妈妈可以多鼓励宝宝使用右手，例如在宝宝的右手边放玩具，引导宝宝用右手拿起玩具，当宝宝成功拿起玩具时，不要吝啬你的赞美："宝贝你真棒，左右手都很熟练。"在双手操作中，可以同时刺激宝宝的左右脑，对宝宝智力发育大有裨益。

小游戏锻炼宝宝的左右手

1. 递积木

爸爸妈妈递给宝宝右手一块积木，等宝宝用右手接过之后，引导宝宝把积木放到左手里，然后再继续递给他右手另一块积木，引导宝宝右手接过积木。

2. 拍玩具鼓

爸爸妈妈先给宝宝示范用右手拍玩具鼓，然后向宝宝示范双手轮流拍打玩具鼓。鼓励宝宝尝试你的动作，然后告诉宝宝："你真棒！你的左右手都很有力！"

3. 画圈圈

给宝宝准备一张纸放在桌上，然后让宝宝左手扶住纸，右手拿着笔在纸上涂鸦。然后爸爸妈妈给宝宝示范用右手在纸上画圈圈，再握住宝宝的右手画圈圈。

2 岁了还在用奶瓶，要想法帮宝宝戒掉

宝宝用奶瓶喝奶、喝水是再普通不过的事情了，但如果宝宝到了 2 岁还在用奶瓶，爸爸妈妈就要想办法帮他"戒掉"了。

2 岁宝宝用奶瓶有可能存在的隐患

1. 睡觉时含奶嘴可导致蛀牙

美国儿科学会研究发现，2 岁的宝宝抱着奶瓶、含着奶嘴入睡，没有吞咽的配方奶就会留在口腔里，配方奶里的糖分会在口腔里发酵，容易引起蛀牙。

2. 影响牙齿咬合

宝宝 2 岁以后还在用奶瓶，容易引起上牙龈和上颚变形，导致牙齿咬合不正和龅牙。

循序渐进用杯子替代奶瓶

当宝宝感到疲劳或精神紧张时，吸吮奶瓶能让他安心，所以让宝宝割舍奶瓶不是一件容易的事。我们育婴师建议用循序渐进的办法，逐步淡化奶瓶的作用，让杯子顶替奶瓶的功能。

1. 培养宝宝用杯子喝奶、喝水的习惯

爸爸妈妈可参考本书 P161"训练宝宝自己用小杯子喝水"的内容，让他学会使用杯子喝水。当宝宝习惯用杯子喝水后，然后再尝试用杯子给宝宝冲配方奶喝。育婴师建议把这项训练放在白天进行，因为白天宝宝的注意力容易被玩具或新奇的事物吸引，对奶瓶的依赖相对较少。

2. 充分利用宝宝的好奇心理

当宝宝索要奶瓶时，可以用玩具、游戏或零食来分散他的注意力。爸爸妈妈要经常在宝宝面前用杯子喝水、喝奶，这样可以给他做出很好的示范，他也会一时兴起模仿大人的动作，久而久之宝宝逐渐懂得杯子的功能，对奶瓶的依赖也就淡了下来。

3. 帮助宝宝养成新的习惯

如果宝宝习惯一面躺着吃奶瓶，一面听你讲故事，你可以尝试着把奶瓶拿掉，然后把宝宝抱起，坐在沙发或床上讲故事，断开睡觉与奶瓶之间的联系。

• 宝宝 2 岁以后，喝配方奶时，爸爸妈妈要想办法让他从用奶瓶逐渐过渡到用杯子喝。

培养宝宝夜间不尿床的好习惯

宝宝 2 岁了还在尿床，爸爸妈妈们不要着急，这是正常现象。因为这时宝宝的膀胱还不够大，自我控制能力不够强，而夜间睡眠时间长，很可能在熟睡中就尿床了。

宝宝尿床，你的做法对吗

有的爸爸妈妈比较心急，觉得宝宝 2 岁了还尿床很丢人，就大声呵斥甚至打宝宝。这种行为是错误的，很容易给宝宝造成心理阴影，让他每次看到自己尿了就害怕、恐惧。

我们的育婴师建议爸爸妈妈们，每天晚上在床上铺上隔尿垫，告诉宝宝："床上有隔尿垫，如果不小心尿了也不怕把床尿湿！"让宝宝没有心理压力地入睡。你还可以把便盆放在床边，当发现宝宝总是翻来翻去，说明他可能想小便了，这时可以试着给他把尿。

宝宝夜间尿床的原因和对策

要培养宝宝夜间不尿床的好习惯，需要先找到原因，用对方法。以下是我们育婴师总结的宝宝夜间尿床的原因和对策，供各位爸爸妈妈参考。

	尿床原因	对策
睡前喝太多	晚餐时喝粥，睡前喝奶、喝水，都容易使宝宝夜尿多	● 减少宝宝睡前饮水量 ● 调整饮食习惯，让宝宝在睡前 1 小时喝奶，不要一喝完奶就睡觉 ● 鼓励宝宝睡前上一次厕所，如果宝宝夜尿多，在你睡觉前叫醒宝宝上一次厕所
憋不住尿	3 岁以内的宝宝膀胱容量比较小，自控能力不够强；有的宝宝到 4~5 岁还是无法做到一夜无尿	5 岁之前宝宝基本上都能控制自己不尿床，如果还继续尿床则视为"遗尿"
环境变化	更换主要照看者、搬家或外出旅游、刚开始上幼儿园等，都有可能使宝宝的上厕所能力出现暂时性的退步	● 千万不要责怪宝宝，而是告诉他没关系，这是正常的 ● 等调整到正常状态，宝宝通常能恢复以前的上厕所能力
精神焦虑	因为尿床或尿裤子经常被责罚，让宝宝觉得压力大，经常性的尿床也会让宝宝抵触上厕所训练	保持轻松积极的态度，当宝宝尿床时，告诉他这是人生的一个阶段，是正常现象，等再大一些就不会再尿床了

宝宝最佳喂养方案

安排好宝宝的一日三餐和加餐

1.5~2 岁的宝宝已经陆续长出 20 颗乳牙了，有了一定的咀嚼能力，而且已形成一日三餐的规律。这时，爸爸妈妈的"工作重点"是安排好宝宝的一日三餐，帮助宝宝摄入全面均衡的营养。以下是我们的育婴师总结的一日三餐及加餐的安排，供爸爸妈妈们参考。

早餐：配方奶 150~200 毫升；面包 2 片，鸡蛋 1 个，西红柿 2~3 片

◎食量比较小的宝宝，可把配方奶的时间调到起床后，喝完奶过 1 个小时左右再吃面包片、鸡蛋和西红柿。

◎如果宝宝不爱吃鸡蛋，可把鸡蛋煎好，切丝后与西红柿一起加入面包片里。

加餐：饼干适量，酸奶 1 盒

午餐：米饭 1 小碗，炒菜 2 份，汤 1 小碗

育婴师解说

◎炒菜：肉末炒土豆、胡萝卜碎丝，或虾仁西蓝花、菠菜豆腐。

◎汤：如果是肉末炒菜，可配虾皮冬瓜汤或海米白菜汤；如果是虾仁炒菜，可配紫菜鸡蛋汤或肉末丝瓜汤。

加餐：猕猴桃半个，或草莓 2 个，核桃 2 个

育婴师解说 如果宝宝吃了水果、干果之后意犹未尽，可以给他 1~2 块饼干。

晚餐：馒头、炖菜、汤

◎馒头：小馒头，或紫米馒头、小米馒头、豆面馒头等。

◎炖菜：豆角炖肉、白菜炖豆腐，或清蒸鲈鱼、肉末蒸蛋。

◎汤：紫菜虾皮汤或冬瓜汤等。也可以只给宝宝做一道汤，然后在汤中加面条、面片或面疙瘩，放入 1~2 种蔬菜，放上肉末或虾仁，也可以给宝宝做肉菜粥，都能为宝宝补充丰富的营养。

午餐是一天当中最重要的一餐，不能敷衍了事，一定要认真为宝宝准备。

给宝宝吃健康零食

正方 ···· **PK** ···· 反方 ········· 育婴师经验

正方	反方	育婴师经验
科学地吃零食，能让宝宝的营养更均衡，而且一直不让宝宝吃零食并不现实。	吃零食是一种不良习惯，很容易让宝宝养成只爱吃零食不爱吃饭的坏习惯。	在三餐之间适当吃一些健康的零食，能补充能量，但要注意控制好量和次数，以及选对零食。

给宝宝吃零食的原则

给宝宝吃零食，第一大原则就是不能因为吃零食而影响到正餐。我们育婴师认为，不要在饭前1小时给宝宝吃零食，因为食物进入肠胃后需要一定的时间，而吃零食的时间和正餐的时间比较近，很容易让宝宝在吃正餐时不觉得饿。

有计划地给宝宝吃零食

1~3岁的宝宝除了一日三餐之外，还需要2次加餐，可以用零食作为加餐。我们育婴师建议爸爸妈妈给宝宝加餐的时间要固定，如在上午10点、下午3~4点给宝宝加餐，这两个时间点离正餐都有一段时间，足够宝宝的肠胃对加餐进行消化，不会影响到正餐。

选择健康的零食

1. 新鲜的蔬菜水果

蔬果条：将新鲜的胡萝卜、黄瓜、苹果、哈密瓜、草莓、西瓜等切成小条或小片，然后让宝宝自己拿着吃。

蔬果沙拉：也可以将新鲜的蔬果切成小块，做成蔬果沙拉，加酸奶或番茄酱拌匀就可以了。

2. 奶制品

酸奶、奶酪等富含蛋白质、钙、磷、镁、铜等营养物质，酸奶还含有乳酸杆菌，帮助宝宝调理肠道。

3. 面包、饼干

小面包：2岁以内的宝宝，宜选用松软的切片吐司面包或奶香小餐包，切成手指大小的条状以便宝宝咀嚼；2岁以上的宝宝，可以选用杂粮面包或者全麦面包。

小饼干、点心：自制的杂粮小饼干、小点心等也是比较健康的零食，如果要购买现成的饼干、点心，建议仔细查看配料表，避免给宝宝吃含有过多添加剂的零食。

4. 自制饮品

豆浆、果蔬鲜汁、南瓜羹、红豆汤、绿豆汤、牛奶玉米汁等自制的饮品也是不错的加餐小零食。

适合 1.5~2 岁宝宝的营养食谱

奶香玉米土豆汤 `适合1.5岁以上宝宝`

材料: 玉米粒适量,配方奶适量,鸡蛋2个,土豆、西红柿各1个,芹菜少许,水淀粉、盐适量。

做法: 1.土豆削皮,切成小丁,放入清水中浸泡10分钟;配方奶加适量水冲泡。

2.西红柿、芹菜洗净,切丁;鸡蛋打散。

3.锅内加水,放入土豆丁,煮沸后加入配方奶、西红柿块和玉米粒略煮。

4.将水淀粉沿锅缘淋入锅中勾芡,搅动汤汁,至汤汁煮呈黏稠状。把蛋液倒入锅中,搅匀,放入糖、盐、芹菜末即可。

姜汁红薯条 `适合1.5岁以上宝宝`

材料: 红薯300克,胡萝卜50克,生姜15克,葱花适量,香油、盐、白糖少许。

做法: 1.红薯去皮,洗净后切成条;胡萝卜去皮,洗净,切成与红薯一样粗细的条。

2.生姜洗净,去皮,切末,把姜末放入研钵中捣出姜汁,盛入碗中,然后加白糖、香油兑成味汁备用。

3.锅内放水煮沸,放入红薯条、胡萝卜条煮熟,捞出沥水,码入深盘中。

4.将做法2中兑好的味汁淋在码好的红薯、胡萝卜条上,撒上葱花即可。

七彩丝 适合 2 岁以上宝宝

材料： 水发香菇、水发黑木耳各 100 克，青甜椒、红甜椒、冬笋、绿豆芽各 50 克，盐、水淀粉各适量。

做法： 1. 将青甜椒、红甜椒、冬笋、水发黑木耳分别洗净，切成细丝。

2. 香菇去柄，洗净，切丝；绿豆芽洗净。

3. 锅内加入少许油烧热，放入香菇、青甜椒、红甜椒、冬笋、绿豆芽、水发黑木耳煸炒至豆芽、青甜椒、红甜椒变软。

4. 加少许盐调味，用水淀粉沿着锅边勾芡即可。

鸡汤小饺子 适合 2 岁以上宝宝

材料： 小饺子皮 6 张，肉末 30 克，白菜 50 克，姜适量，香菜叶少许，鸡汤少许。

做法： 1. 姜洗净，切末后放入研钵中捣成汁；白菜洗净，切碎，与肉末、姜汁混合搅拌成饺子馅。

2. 用饺子皮和馅将饺子包好。

3. 锅内加水和鸡汤，大火煮沸后放入饺子，盖上锅盖煮沸后，揭盖加入少许凉水，敞着锅煮沸后再加凉水，如此反复加 4 次凉水后煮沸即可。

重要部位进异物的正确处理方法

眼睛、耳朵、鼻孔都是身体的"敏感部位"，很容易受伤，如果宝宝的这些部位进入异物，爸爸妈妈细心观察症状，并采取相应的急救措施，或立即带宝宝去看医生。

眼睛进异物的处理

1. 不同的异物入眼处理方法

◎灰尘、沙粒"迷眼睛"：安慰宝宝不要惊慌，不要揉眼睛，然后让宝宝闭上眼睛，用手轻提上眼皮，灰尘就可随大量眼泪流出来。

◎异物在上眼皮：轻轻把上眼皮翻过来，用蘸凉开水的湿棉签或干净的手绢轻轻地把异物沾出来。

◎生石灰入眼：既不能用手揉眼睛，也不能直接用水冲洗。此时应该用棉签或干净手绢将生石灰粉擦出，然后再用清水反复冲洗受伤的眼睛，至少要冲洗15分钟。同时叫救护车，到医院进行检查治疗。生石灰遇水会生成碱性的熟石灰同时产生热量，处理不当反而会灼伤眼睛。

2. 让宝宝哭出异物

眼泪有清洗眼睛的作用，爸爸妈妈若发现有异物入眼，可以给宝宝吹眼睛，让他流出眼泪。这个方法对灰尘、沙子等细微的异物有效。

耳朵进异物的处理

宝宝耳朵里进异物千万不要自己用手抠，或者自行用镊子夹、用挖耳勺挖等方式取异物，而应该马上到医院就诊。如果水进入宝宝耳朵了，爸爸妈妈可让宝宝头侧向一边，使进水的耳朵向下，然后固定住宝宝头部，把棉签轻轻伸入宝宝的耳道，把水吸出来。注意不能把棉签伸得太深，否则会伤害到宝宝的耳朵。

鼻孔进异物的处理

宝宝玩耍时，常喜欢把异物塞入鼻孔里，常见的有花生、黄豆、钢珠、电池、珍珠、口香糖、塑料泡沫等，个别的还有昆虫自行爬入。爸爸妈妈要禁止宝宝的这一行为，但如果已经有异物塞入宝宝的鼻孔，爸妈需要这样做。

1 用宝宝的小手压住没有进入异物的另一侧鼻孔，然后用有异物的鼻孔使劲儿往外哼气，大部分异物能被哼出来。

2 用自己的头发放在宝宝没有异物的鼻孔里，轻轻转动，让宝宝打喷嚏，一般一个喷嚏下来，飞进宝宝鼻孔的异物也被喷出来了。

如果通过上面两种方法，宝宝鼻腔里的异物没有出来，应立即带宝宝到医院，找医生用专业工具取出来。

蚊虫叮咬：防止宝宝抓挠

夏天常在小区里看到有些宝宝的身上有好多包，红红的，有的甚至破了或流脓了。一问，原来是被蚊子咬了，宝宝不停地抓挠，结果发生了感染。宝宝新陈代谢旺盛，出汗多，容易招蚊子，而宝宝的皮肤比较娇嫩，表皮薄，皮下组织疏松、血管丰富，被虫咬后被咬的部位会出现明显的反应——长疱，发痒。宝宝的忍耐力差，不自觉地不停抓挠，加上夏季温度高，特别容易感染发炎，所以被叮咬的部位变得又红又肿，严重的还化脓。那么，宝宝被蚊虫叮咬后怎么护理呢？

1 先用棉签蘸取温水给宝宝清洗被叮咬的部位，擦干后涂抹薄荷膏、紫草膏等，可以减轻痛痒感并消肿。也可给宝宝外涂复方炉甘石洗剂止痒，也可用市售的止痒清凉油等外涂药物。有过敏史的宝宝应先在手腕内侧试用，观察有无过敏现象。

2 为了防止宝宝抓挠，爸爸妈妈要帮宝宝剪短指甲，并跟他讲道理，说明抓挠后的后果。如果宝宝比较小，听不懂爸爸妈妈的话，那么爸爸妈妈就要"严防死守"了，当发现宝宝抓挠时及时制止，并用玩具、游戏等转移他的注意力。

3 每天给宝宝洗 1~2 次温水澡，减少宝宝身上的汗味。洗澡时在洗澡水里放一些藿香正气水、花露水等，有驱蚊、消炎的作用，对预防蚊虫叮咬或舒缓蚊虫叮咬带来的痛痒感觉有效。

育婴师经验谈

爸爸妈妈平时带宝宝玩耍时，要避开草丛、潮湿的地方，因为这种地方的蚊子通常又多又大。

● 夏天户外蚊子多，宝宝外出玩耍前给他涂抹一些藿香正气水、花露水等，有驱蚊的作用。

宝宝生病总不好，可能是过敏惹的祸

2岁的小远看上去身体倍儿棒，很少感冒，但我们的育婴师在照顾他时，发现了他的"小秘密"——屁股上长湿疹。刚开始时，给他涂抹一些医生开的药膏，很快湿疹没有了，但没过几天又反复了。后来，经过观察，发现小远的小马桶圈用的是化纤材质的，小远对这种材质过敏，所以湿疹反反复复没好。

有的宝宝是过敏体质，对花粉、地毯里的灰尘、毛绒玩具、动物的毛发等过敏，也有的宝宝像小远一样，对化纤材质过敏。这种过敏如果不注意观察，基本上看不出来，但它经常在宝宝生病时捣乱，把病程延长或让疾病反反复复出现。所以，当宝宝患有某种不适，出现病情反复的情况，爸爸妈妈首先要打个问号："为什么会反复发作？"然后观察宝宝是否有过敏反应。

这些症状，说明宝宝过敏了

1 如果宝宝身上出现像小远一样的湿疹，而且反复发作，一般是过敏惹的祸。爸爸妈妈需要检查宝宝接触过的东西，吃的、用的都要过滤，看宝宝因为什么过敏。

2 宝宝吃了鸡蛋或喝牛奶之后，出现呕吐、恶心、长湿疹等，说明宝宝可能对这种食物过敏。

3 宝宝经常出现迎风流泪、揉眼睛、使劲儿挤眼睛、揉鼻子等现象，有可能是因为过敏引起。

4 天气变化时，宝宝总是打喷嚏、流鼻涕、呼吸不顺畅，或者老是揉鼻子，说明宝宝可能对冷空气过敏了。

过敏的居家防护

1 地毯、毛绒玩具里的螨虫、灰尘都有可能导致宝宝过敏，爸爸妈妈要经常打扫家里的卫生，杜绝上述过敏原的出现。

2 小动物的皮毛和分泌物都是很强的致敏原，而宝宝又喜欢跟小动物玩耍，所以家里尽量不要养小动物。如果家里已经有小动物了，注意让宝宝少接触，并且每次接触后要立即洗手。

3 鸡蛋、牛奶、海鲜、蚕豆等是常见的易致敏食物，平时注意让这些食物远离宝宝的餐桌。同时，1岁以上的宝宝可经常给他喝一些蜂蜜水，能帮助他提高抗过敏能力。

4 让宝宝多喝水，保持大小便通畅，使身体代谢废弃物能跟随大小便排出体外，对改善过敏症状有益。

5 宝宝的皮肤娇嫩，穿化纤材质的衣服容易过敏或加重过敏症状，所以平时给宝宝穿的衣服最好是质地柔软的纯棉衣服。爸爸妈妈也要注意自己的衣着，因为你们身上的衣服材质也有可能被宝宝抓握而使宝宝过敏。

4 步解决皮肤过敏问题

宝宝过敏，最明显的症状就是皮肤起疹子或小疙瘩、发红。这时，爸爸妈妈不要着急，也不要盲目涂抹药膏，可用以下步骤处理：

第1步	第2步	第3步	第4步
找出致敏原，让宝宝远离引发过敏的东西。	爸爸妈妈要跟宝宝达成"协议"："宝宝，你这块皮肤有些发红，还会有些痒，忍一忍，不要挠，妈妈相信你可以做到。一会儿妈妈就给你擦药，等擦了药，就不会这么痒了。"	及时到医院治疗，医生会根据宝宝的症状给出合适的治疗方案。	回到家后，先用温水给宝宝清洗过敏部位，自然晾干，然后给宝宝涂抹医生开的药物。每次给宝宝抹药，要先清洗皮肤、擦干后再抹。

过敏体质宝宝的外出攻略

1. 带好必备药物

如果宝宝患有慢性鼻炎、鼻窦炎、哮喘等过敏性疾病时，出门一定要带上治疗这些疾病的药物。如果发现宝宝有清嗓子、鼻子堵、发热或者哮喘发作时，应立即用药，把病情控制住，并尽快送宝宝到医院治疗。

2. 避开花粉密集地

在柳絮、杨絮飘落，以及开花的季节，对花粉过敏的宝宝要少出门。出门时要让宝宝戴上口罩，并避开花粉密集的地方。回到家后，用温水帮助宝宝清洁鼻腔，用温水洗脸。

3. 带好足量的水

带过敏体质的宝宝外出，一定要让他多喝水，因为如果宝宝缺水，免疫力就会下降，更容易发生过敏。

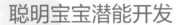

聪明宝宝潜能开发

袋鼠跳跳，让宝宝跳得更灵活

宝宝在 1.5 岁之后，走、跑、蹲、上下楼梯等动作越来越灵活。这时爸爸妈妈可以适当训练宝宝跳的能力，以促使他身体协调能力的发展。

准备物品：宝宝喜欢的玩具，不用的麻布口袋。

游戏方法：

1 妈妈在地面上放宝宝喜欢的玩具，让宝宝从楼上走下来拿玩具。当宝宝下到最后一个台阶时，妈妈牵着宝宝的双手，让他从台阶上跳下来。刚开始时，妈妈用双手扶着宝宝的腋下，鼓励他双脚一起跳下，等他熟悉之后再拉着他的双手跳下，反复练习，当宝宝逐渐掌握这个本领后，

妈妈再牵着宝宝的单手学跳。

2 当宝宝熟悉跳台阶后，妈妈可以在家里让宝宝练习"袋鼠跳"。妈妈要先整理出一块干净的平地，然后准备一个不用的麻布口袋，上面系一根绳子，两边拉出。让宝宝站在麻布口袋里，袋子的高度正好在宝宝的腋下，妈妈拉住两边的绳子，让宝宝小手拉着袋子的前面，托着宝宝向前一步一步跳。

 育婴师经验谈

在和宝宝一起练习跳的动作时，一定要加强安全意识教育，告诉宝宝如果没有大人扶着不要自己跳，以免发生危险。

折纸，培养宝宝的动手能力

1.5 岁的宝宝模仿能力和动手能力都得到了不少的提升，爸爸妈妈不要错过这一黄金期，多培养宝宝的动手能力，锻炼他手眼的协调性。其中简单的折纸就是很不错的训练方法。

准备物品：正方形的纸。

游戏方法：妈妈拿出一张正方形的纸，给宝宝做示范：将正方形或长方形纸两边相对折叠，成为两个长方形。再对角

折叠，将两角相对折叠，形成两个直角三角形。然后再让宝宝学着妈妈的折法也折一折。

 育婴师经验谈

刚开始跟宝宝玩折纸游戏时，他可能更喜欢撕纸。育婴师建议爸爸妈妈不要阻拦他，等他玩够了或者看到你折纸了，会产生兴趣的。

《大拇哥》手指操，宝宝手更巧

简单的儿歌配上手指操，既能促进宝宝的语言和记忆能力，还能让宝宝的小手更灵活。适合1.5~2岁宝宝的手指操有很多，如《大拇哥》：

大拇哥；二拇弟；三姐姐；
四小弟；小妞妞，爱看戏；
手心、手背，心肝、宝贝。

- 大拇哥（伸出两手拇指）
- 二拇弟（伸出两手食指）
- 三姐姐（伸出两手中指）

- 四小弟（伸出两手无名指）
- 小妞妞（伸出两手小指）
- 爱看戏（做 ok 手势，圆圈放在眼睛前）

- 手心、手背（伸出两手手掌，先手心向上再向下）
- 心肝宝贝（两手交叉放胸前）

我认得这是哪里，促进语言理解能力发展

1.5岁之后，爸爸妈妈带宝宝到户外玩耍，不要只让宝宝自己看，或者说让他自由跑动，爸爸妈妈要有意识地问宝宝这是哪里，引导他回答，培养他的语言理解能力。

游戏方法：带宝宝到公园玩时，告诉宝宝："这是公园。"下次再带宝宝到公园玩时，问宝宝："这是哪里？"引导宝宝说出"公园"。再下次带宝宝到公园玩时，

别着急进去，先问宝宝公园在哪里，引导宝宝指出或说出公园的方向。用同样的方法让宝宝熟悉街道、游乐园、商店等地方。

 育婴师经验谈

刚开始玩这个游戏时，宝宝可能说不出这是什么地方，爸爸妈妈可多进行几次，他就能记住了。也可以用手机进行拍照，经常让宝宝看照片，告诉他这是哪里。

打电话：帮助宝宝学以致用

2岁的宝宝会说不完整的儿歌，会用词回答"这是什么""XX去哪儿了""我是XX"等。这时，爸爸妈妈可以通过生活中的一些场景，如打电话，让宝宝使用他已经学会的语言。

准备物品：玩具手机2个。

游戏方法：

1 妈妈拿着一个手机，宝宝拿一个手机。妈妈先模仿电话铃声："丁零零~~"然后和宝宝一起接电话。

2 妈妈说："喂，你好。"引导宝宝模仿，也说出同样的话。

3 妈妈在电话里问："请问你是谁？"让宝宝回答："我是XX。"妈妈可以在电话里问一些简单的问题，教宝宝一些简单的词语，引导宝宝回答或学习。

走直线，锻炼宝宝的平衡能力

对于 2 岁左右的宝宝来说，走直线是一件非常困难的事情，不过这项游戏能极大地锻炼宝宝的平衡协调能力。

游戏方法：妈妈可以用粉笔在地上画一条宽 3~5 厘米、长 10 米左右的直线，让宝宝踩着线迹从一端走到另一端。

 育婴师经验谈

最初因为宝宝的方向感不是很强，总是在直线的周围打转，此时妈妈可以拉着宝宝的手，陪宝宝一起锻炼，反复几次过后，宝宝就可以走得不错了。

找发光的东西，给宝宝想象的空间

对于 1.5~2 岁的宝宝来说，什么都是新奇的，都充满了想象的空间。爸妈应把握住宝宝的这一智力发育特点，和宝宝一起找找、认认发光的东西，给宝宝想象的空间，促进他想象力的发展。

游戏方法：妈妈让宝宝想一想哪些物体能发光，还可以引导宝宝说出几个发光的物体，例如蜡烛、萤火虫等。

晚上，爸爸妈妈可以关上灯，点上蜡烛，告诉宝宝："停电时蜡烛可以给我们带来光明。"

比大小，帮助宝宝判断大小

1.5 岁后宝宝虽然能区分大小了，但有时还是"傻傻分不清"。爸爸妈妈可以通过"比大小"的游戏，强化宝宝对"大小"的影响和概念，培养他对大小的判断能力。

准备物品：一大一小 2 个苹果，一大一小 2 个圆盘。

游戏方法：

1 爸爸妈妈先让宝宝认大小，告诉宝宝哪个苹果大，哪个苹果小，以及哪个盘子大，哪个盘子小。

2 让宝宝按照口令拿东西，如"把大苹果给妈妈""把小苹果给爸爸""把大苹果放在大盘子里""把小苹果放在小盘子里"等。

 育婴师经验谈

刚开始"比大小"时，宝宝可能拿反了。爸爸妈妈不要笑他，而是平和地表示："宝宝你拿错了，那个更大。"几次之后，宝宝通常就能分清大小了。

扔沙包，促进手眼协调能力发展

经常和宝宝一起玩"扔沙包"的游戏，有很多好处，例如宝宝向筐里扔沙包，可以锻炼他的小手肌肉和手眼协调能力；宝宝扔沙包时的动作能训练他的全身运动。所以爸爸妈妈不妨给宝宝准备几个沙包，在他精神好时玩一玩，让他在玩中变得更强健、更聪明。

准备物品：沙包若干，大小正好宝宝小手能抓握住；筐1个。

游戏方法：在距离宝宝50~100厘米的地方放一个筐，然后让宝宝在规定的地方站好，将沙包扔进筐里，反复练习。宝宝每扔进一个沙包，爸爸妈妈要夸赞他："宝宝真棒，又进了一个。"如果没有扔进，爸爸妈妈要鼓励他："还差一点点，加油，再用力一点就能进了。"爸爸妈妈也可以和宝宝比赛，看谁扔进的沙包多。

 育婴师经验谈

刚进行"扔沙包"的游戏时，可先从50厘米开始，一点点地拉开距离。

自己收拾玩具，做个整齐的好宝宝

好的习惯能让宝宝受益一生。1.5岁以上的宝宝正是自我意识形成的关键期，也是习惯养成的黄金期，这时爸爸妈妈正确的引导对宝宝养成良好的习惯有很重要的影响。爸爸妈妈可在宝宝每次玩玩具之后，和他一起收拾玩具，再慢慢让他独立收拾玩具，使他形成"自己的事情自己做"的观念。

准备物品：玩具若干。

游戏方法：每次玩玩具之后，妈妈和宝宝比赛，看谁收拾玩具的速度快，妈妈一边收拾一边和宝宝说："收拾好的玩具宝宝就不能乱扔了啊，要珍惜自己的劳动成果。"等宝宝习惯了玩玩具之后要收拾，再慢慢地引导宝宝自己收拾玩具。

第八章

2～3岁：自己的事情自己做，爸妈要勇敢「放手」

- 正确刷牙，保护宝宝的牙齿
- 宝宝也是「低头族」，应该怎样纠正
- 宝宝看电视，是早教还是伤害
- 宝宝超过 2 岁还吃手要及时纠正
- 宝宝爱涂抹化妆品，怎么办
- 育婴师教你正确洗手 8 步曲
- 饭菜玩花样，让宝宝爱上吃饭

宝宝成长测试

2~3 岁宝宝体格发育参考

性别	年龄	体重（千克）	身高（厘米）	体质指数
男宝宝	2 岁 1 月	12.35 ± 0.11	88.0 ± 3.1	16.0 ± 1.25
	2 岁 2 月	12.55 ± 0.12	88.8 ± 3.2	15.9 ± 1.25
	2 岁 3 月	12.74 ± 0.12	89.6 ± 3.2	15.9 ± 1.25
	2 岁 4 月	12.93 ± 0.12	90.4 ± 3.3	15.9 ± 1.25
	2 岁 5 月	13.12 ± 0.12	91.2 ± 3.4	15.8 ± 1.20
	2 岁 6 月	13.30 ± 0.12	91.9 ± 3.4	15.8 ± 1.25
	2 岁 7 月	13.48 ± 0.12	92.7 ± 3.5	15.8 ± 1.25
	2 岁 8 月	13.66 ± 0.12	93.4 ± 3.5	15.7 ± 1.20
	2 岁 9 月	13.83 ± 0.12	94.1 ± 3.6	15.7 ± 1.25
	2 岁 10 月	14.00 ± 0.12	94.8 ± 3.6	15.7 ± 1.25
	2 岁 11 月	14.17 ± 0.12	95.4 ± 3.7	15.6 ± 1.20
	3 岁	14.34 ± 0.12	96.1 ± 3.7	15.6 ± 1.25
女宝宝	2 岁 1 月	11.69 ± 0.12	86.6 ± 3.3	15.7 ± 1.35
	2 岁 2 月	11.89 ± 0.12	87.4 ± 3.3	15.6 ± 1.30
	2 岁 3 月	12.10 ± 0.12	88.3 ± 3.4	15.6 ± 1.30
	2 岁 4 月	12.31 ± 0.13	89.1 ± 3.4	15.6 ± 1.35
	2 岁 5 月	12.51 ± 0.13	89.9 ± 3.5	15.6 ± 1.35
	2 岁 6 月	12.71 ± 0.13	90.7 ± 3.5	15.5 ± 1.30
	2 岁 7 月	12.90 ± 0.13	91.4 ± 3.6	15.5 ± 1.30
	2 岁 8 月	13.09 ± 0.13	92.2 ± 3.6	15.5 ± 1.30
	2 岁 9 月	13.28 ± 0.13	92.9 ± 3.7	15.5 ± 1.30
	2 岁 10 月	13.47 ± 0.13	93.6 ± 3.7	15.4 ± 1.34
	2 岁 11 月	13.66 ± 0.13	94.4 ± 3.8	15.4 ± 1.34
	3 岁	13.85 ± 0.13	95.1 ± 3.8	15.4 ± 1.34

[1] 不确定喂养方式下，2 岁 6 月男童头围（49.3 ± 1.3）厘米，女童头围（48.2 ± 1.4）厘米；3 岁男童头围（49.7 ± 1.4）厘米，女童头围（48.8 ± 1.4）厘米

领域能力	25~26 个月	27~28 个月	29~30 个月
大动作能力	• 跑步平稳 • 能踮脚走路 7~8 米	• 会双脚跳 • 能迈过低矮的障碍物 • 可以爬到椅子上够取玩具	• 单脚站立 2~5 秒 • 能独自双脚交替上下楼梯
精细动作能力	• 叠放 6~8 块积木不倒 • 掀开有盖的容器	• 模仿画垂直线、水平线、圆形 • 能打开瓶盖取出物体	• 会用积木搭桥 • 独自打开折叠扇、小的折叠椅 • 可以自己脱简单的衣服和松紧裤
语言能力	• 发音基本准确地背诵儿歌 • 能说出常见物体的名称、用途	• 会用几个形容词 • 会用"和""跟"等连续词	• 准确运用"你""我" • 听完故事后能说出故事里的人和事
认知能力	知道身体各部位的称呼	能区别长和短等概念，并对圆形、方形、三角形等几何图形有了一定的认识	• 对空间的理解能力加强，能分清楚内和外、前和后 • 会比较大小、多少、长短等
情感与社交能力	• 不顺心时发脾气 • 能接受与妈妈的短暂分开	• 大人禁止做的事情，知道不能做 • 玩时如果成功会很高兴，失败了会沮丧	• 控制大小便的能力增强，有大小便意时能及时呼唤爸妈 • 对某些人和事表现出同情心、自尊心 • 开始学会与同伴交流分享

217

领域能力	31~32 个月	33~34 个月	35~36 个月
大动作能力	• 自如地举起单手或双手过肩投球 • 可以原地向前、向上跳	• 随意蹲下去玩玩具，并能轻松自如地站起来 • 单脚站立 5~10 秒 • 能双脚交替着一步一级下楼梯，会跳远，攀高爬低，动作相当灵活	• 双脚离地连续跳 2~3 次 • 具备良好的平衡能力，并会拍球、抓球和滚球 • 能走短平衡木
精细动作能力	• 能做简单的手指操，动作比较协调 • 能玩拼插玩具 • 可以把馒头一分为二	• 成功地把水或米从一个杯中倒入另一个杯中，而且很少洒或掉出来 • 对边角相对折手帕	• 能系、解扣子 • 尝试用筷子夹菜，大部分时间能夹起来
语言能力	• 能在家人的指导下说"请""谢谢"及"对不起" • 用姿势或语言来回答"会不会""是不是""可不可以"等问题	• 可以说6个字的语句，也会一问一答地与人对话 • 宝宝已经能说出穿衣服、吃饭、喝水、上厕所、睡觉等话	• 能完整地背诵多首儿歌 • 爱说话，不断提问，但因为语言发育跟不上思维活动，有时无法用确切的言语来表达思维内容，常发生口吃现象
认知能力	• 完成简单的拼图 • 能说出家中大部分物品名称 • 喜欢简单的乐器，尤其爱听乐器发出叮叮咚咚的悦耳声音	• 知道今天、明天的含义 • 手口一致点数 1~5 • 对于衣服，宝宝开始有了自己的喜好	• 能用笔写出 0 和 1 这两个数字，而且 0 能封口，1 能竖直 • 能辨认 1、2、3 等数字
情感与社交能力	喜欢和伙伴玩，常因为抢玩具而有冲突	有较强的自我意识，明白自己和他人是有区别的，对喜欢的食物或玩具会有很强的占有欲	• 开始学会控制自己的情绪 • 对一些物体的空间关系有了一定的了解

宝宝日常生活照护

教宝宝自己洗手

很多时候我们洗手都是拿流动水源冲洗一下就可以了，或是涂上洗手液、香皂后马上冲掉，这样的洗手方式并不能得到彻底的清洁效果。2~3岁的宝宝喜欢东摸摸西碰碰，手上的细菌很多，更要彻底清洁双手。那么如何教宝宝正确洗手呢？

图解正确洗手 8 步曲

● 袖口挽高

● 涂上洗手液或香皂

● 五指并拢，掌心对掌心搓揉

● 手指交叉，掌心对手背搓揉

● 手指交叉，掌心对掌心搓揉

● 手指在掌心搓揉

● 五指向下，用水冲洗干净双手

● 用毛巾擦干双手

宝宝不爱洗手怎么办

有的宝宝不爱洗手，爸爸妈妈让他洗手时就很抗拒，把小手伸到背后。爸爸妈妈可以通过我们育婴师的方法，让宝宝爱上洗手。

1 爸爸妈妈要做好榜样，每次饭前、便后，或者手脏时就洗手，让宝宝感觉到洗手是爸爸妈妈愿意做的事情。

2 每天和宝宝一起洗手，让他感觉到和爸爸妈妈一起洗手是一件很幸福的事情。

3 和宝宝一起玩洗手游戏，让宝宝抱着娃娃，然后爸妈用水给娃娃洗手，告诉宝宝，洗完手之后，娃娃就会干干净净的，不会生病了，这样让宝宝渐渐地爱上洗手。

4 把宝宝最喜欢的玩具或者食物摆在一边，告诉宝宝，洗完手之后就可以去玩玩具，或者吃东西，为了得到自己的最爱，相信宝宝会乖乖就范的。

让你的宝宝爱上刷牙

刷牙是宝宝从 2 岁开始每天的必修课。刚开始时，爸爸妈妈要帮助宝宝学会刷牙，并慢慢引导宝宝养成每天早、中、晚刷牙的好习惯，让他爱上刷牙。

刷牙的正确方法

在教宝宝刷牙时，宝宝很乐意模仿，爸爸妈妈要清楚地示范刷牙的方法。

① 先清洗一遍牙刷，杯子接上水，然后在牙刷上挤上牙膏。

② 先刷上下排牙齿的外侧面。方法：把牙刷斜放在牙龈边缘的位置，以 2~3 颗牙齿为一组，用适中力度上下来回移动牙刷。刷牙时要将横刷、竖刷结合起来旋转画着圈刷，即上牙画"M"形，下牙画"W"形。

③ 用同样的方法刷牙齿的内侧。

④ 刷门牙内侧的时候，牙刷要直立放置，用适中的力度从牙龈刷向牙冠。

⑤ 刷咀嚼面时，应把牙刷放在咀嚼面上前后移动。

⑥ 刷完牙后漱口，然后把牙刷清洗干净、朝上放置就可以了。

在刷牙时，爸爸妈妈和宝宝还需要注意以下问题：

① 饭后不要立即刷牙，尤其吃酸的食物后，应先用温水漱口后再刷，因为吃完酸的东西通常会感觉牙齿比较软，这时刷牙会加重不适。

② 刷牙时，尽量使用温水刷牙，不要用凉水刷牙。

③ 刷牙时切忌来回横刷，这样不但不易清理脏东西，而且还容

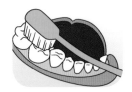

育婴师经验谈

刷牙时，牙刷要顺着牙缝上下转动地刷，即上牙从上往下刷，下牙从下向上刷，咬合面来回刷，里里外外都要刷干净。这种方法清洁牙齿效果好，而且不容易磨损牙齿，也不容易刷伤牙龈。宝宝刚开始学习时，可能还不会掌握，爸爸妈妈可以先教他学习拉锯式的横刷，然后逐步过渡到上下旋转式的竖刷。

易损伤牙齿。

每天刷牙的次数和时间

爸爸妈妈每天都要坚持跟宝宝一起刷牙，每天刷 3 次，尤其注重晚上睡前的那一次。刷牙时，要保证宝宝牙齿的 3 个面——里面、外面、咬合面都要刷到。另外，每次刷牙要认真、仔细地刷 3 分钟。

宝宝不爱刷牙的应对方法

1. 给宝宝准备一套可爱的刷牙装备

带宝宝一起去购买，在尊重他意愿的前提下，买一套他喜欢的刷牙工具，包括刷牙杯、牙刷、牙膏等。

2. 相互帮忙刷牙

2~3 岁的宝宝很乐意帮大人做一些力所能及的事情。刷牙时，可让宝宝帮爸爸妈妈刷牙，爸爸妈妈帮宝宝刷牙，同时进行，有助于加强亲子关系，给家庭带来更多的乐趣。

3. 榜样的力量

爸爸妈妈要以身作则，每天坚持刷牙，宝宝在家长的榜样之下，也会养成良好的习惯，每天和爸爸妈妈一起享受刷牙的乐趣。

4. 讲蛀牙的故事

如果宝宝不愿意刷牙，平时可经常用故事书给他讲不刷牙而导致蛀牙的故事，或者播放相关视频，让宝宝知道刷牙对牙齿好，可以预防蛀牙。在知道不刷牙导致蛀牙的情况下，宝宝会主动拿起牙刷刷牙。

养成良好的口腔卫生习惯，拥有一口漂亮健康的牙齿，就从宝宝小时候抓起！

宝宝不同年龄应选择的牙刷

年龄	牙齿生长情况	适合宝宝的牙刷
2~4 岁	已经有一口整齐的小乳牙，但同时也是乳牙龋齿高发的阶段	选择刷头小、刷毛软、握柄粗胖一些的牙刷
5~6 岁	进入替牙期，第一颗恒磨牙已长出	选择杯形刷毛的牙刷，刷毛边缘要柔软，刷头要小，能完全包围每颗牙齿的
7~8 岁	换牙期，乳牙与恒牙同时存在，牙齿的齿缝间隙较大	选择刷毛柔软、混合设计、刷头较小的牙刷

宝宝也成"低头族"，育婴师这样应对

近两年，我们的育婴师入户照顾宝宝时，发现一个现象，宝宝成了"低头族"的新成员，而且有时拿着手机或平板一玩就是半天，不让玩就哭闹，也不好好吃饭。育婴师提醒各位爸爸妈妈，宝宝经常玩手机、平板危害很多，一定要及时纠正。

宝宝经常玩手机、平板的危害

宝宝总是玩手机、平板都有哪些危害呢？下面是我们育婴师收集的权威机构的说法。

儿童使用手机时，大脑对手机电磁波的吸收量要比成人多 60%。——法国克莱蒙·费朗大学的测试研究

儿童用手机会造成记忆力衰退、睡眠紊乱等健康问题。——英国《每日邮报》

手机辐射会破坏孩子神经系统的正常功能，从而引起记忆力衰退、头痛、睡眠不好等一系列问题。——英国 杰勒德·凯都博士

儿童正处于生长发育阶段，身体组织中的含水量比成人丰富，而手机微波具有对水分越多的器官伤害越大的特点，因而，微波对人体眼睛的伤害最大。此外，长期发短信还可能导致孩子手指发育畸形；低头玩游戏等，会对孩子的颈椎带来很大伤害。——北京儿童医院新生儿科专家 任仪逊

……

其实，宝宝总是玩手机、平板，危害远远不止这些。为了宝宝，爸爸妈妈需要做的事情是让宝宝抬起头，把手机、平板收起来。

让宝宝的目光从手机、平板上移开

面对"低头族"宝宝，我们的育婴师是这样"解决"的。

1. 允许玩但要控制时间

在宝宝跟你要手机或平板之前，先跟他商量好玩手机的时间，如一次只能玩 30 分钟，一天最多玩 2 次，时间到了就必须放下手机或平板，去做其他事情，否则以后再也不让玩手机。然后在手机或平板里定一个闹钟，闹钟一响就收走，即使宝宝哭闹也要坚持。

2. 让宝宝有事情可做

在宝宝提出玩手机和平板之前，向他询问："你今天的手工作业做完了吗？""上午你倒出来的玩具收拾好了吗？"或者"能不能帮我打扫卫生？"等，让宝宝有事情可做，自然就不会再想着玩手机了。

3. 把手机藏起来或关掉

在宝宝要玩手机时，爸爸妈妈可以关机，然后告诉宝宝："看，手机没有电了，我们要充电。"或者是把电池抠下来，宝宝看到没有电池，不能开机，也就不会想

着玩了。爸爸妈妈还可以把手机藏起来，跟宝宝说不知道放哪儿了，然后请宝宝帮忙一起找，找着找着宝宝可能发现什么好玩的东西了，也就把玩手机的事情放一边去了。

4. 删掉手机和平板里的视频和游戏

宝宝喜欢玩手机和平板，因为里面有他喜欢的视频或游戏。你可以把里面的视频和游戏删掉，宝宝找不到自己感兴趣的东西，觉得不好玩，对手机和平板的兴趣也就少了。

5. 设置密码

给手机和平板设置密码，宝宝要求你说密码时，故意说几个错误的密码，然后告诉宝宝你也忘了。他打不开手机和平板，尝试几次之后也就自然失去了玩手机和平板的兴趣了。

6. 用其他游戏吸引他的注意力

宝宝爱玩手机和平板，跟爸爸妈妈陪伴他的时间比较少有很大关系。所以，爸爸妈妈不妨每天多抽出一些时间，和宝宝一起玩游戏，或带他到户外玩耍。宝宝很享受跟爸爸妈妈在一起的时光，他会在玩耍中不知不觉地把玩手机和平板的事情给忘掉。

7. 做个好榜样

爸爸妈妈总是玩手机和平板，会引起宝宝的注意和好奇，他自然也会模仿你。所以要想让宝宝从手机和平板中"抬头"，爸爸妈妈首先就不要做"低头族"，除了接打电话、收发短信邮件外，不要在家里玩手机和平板。

宝宝看电视，是早教还是伤害

把宝宝推给电视机，这样的事情你做过吗？

◎上了一天班，很累，但宝宝又吵闹，就开电视给他看。

◎正在处理工作，不想宝宝打扰，于是让他看电视。

◎和朋友在一起一面看电视一面聊天，连带着让宝宝也一起看。

◎正在厨房里忙着做饭，让宝宝自己在客厅里看电视等。

如果你有以上任何一条行为，都要自我反省。宝宝爱看电视，其实跟爸爸妈妈的做法有很大的关系。

宝宝可以看电视吗？

赞成派 ·····PK····· 反对派 ············· 育婴师总结

宝宝看电视可以了解一些新鲜事，增加对社会情况的了解。电视上丰富的影像能发展宝宝的感知能力，而且能让宝宝安静下来，让爸爸妈妈省事一些。

不要给宝宝看电视。虽然电视里嘈杂纷乱的电视广告和各种各样的动画片能让宝宝不去缠人，但电视取代了玩耍，会阻碍宝宝想象力的发展，还使他与别人交流的时间减少，影响宝宝的语言学习，也有可能导致他注意力不集中，懒于思考和探索，使他今后的学习变得更加困难。

宝宝看电视，这是一把双刃剑，用好了能促进宝宝大脑、语言能力等的发展，用不好了很容易让宝宝沉溺于电视中，变得不爱思考、不爱交流。爸爸妈妈需要学会利用健康的电视节目来熏陶宝宝，提高他的思考能力。

利用好健康的电视节目

要想让电视成为宝宝成长道路上的助力，爸爸妈妈需要这样做。

1. 选择合适的电视节目

3岁以内的宝宝，宜给他挑一些画面转换比较慢、故事情节比较简单的节目，这样的节目对宝宝的注意力和逻辑理解不会造成很大的负担。

电视内容方面，可以选择与宝宝行为习惯、学前基础知识相关的节目，让宝宝看电视

的同时，扩展知识，培养好的行为习惯。

2. 陪宝宝一起看电视

宝宝常喜欢一遍一遍重复看一个节目，当宝宝对一个节目比较熟悉之后，爸爸妈妈可以按下暂停键，然后用手指着屏幕上的东西和宝宝一起讨论。例如询问宝宝电视上的动物是什么，它叫什么名字，它怎么叫的等，看宝宝会不会回答。等5~10秒钟，宝宝不回答也不要紧，可继续播放，然后就着电视节目回答刚才提出的问题。这样能让宝宝思考，并加深对某个问题的理解。

给宝宝看电视的注意事项

1. 控制好时间

2岁以内的宝宝，尽量不要让他看电视，如果宝宝哭闹厉害，尽量控制在15分钟以内。2~3岁的宝宝每天看电视的时间也最好不超过30分钟。

2. 控制好距离

看电视时，宝宝跟电视机的距离应在2.5~4米为宜。宝宝总是离电视太近，屏幕发出的强光刺激可影响宝宝的视力，造成近视。

3. 调整好坐姿

靠在被子上、躺在爸爸妈妈怀里，都容易影响到宝宝的脊椎发育，养成不良坐姿。所以，给宝宝看电视时，要让他坐在小凳上，且臀部坐在凳子的中间，身体挺直，大腿与小腿呈90°。

4. 调好音量

给宝宝看电视时，电视的音量按照平时说话的音量来调整就可以，电视声音太大会影响到宝宝听力的发育。

5. 看电视时要专心

给宝宝看某个电视节目时，就让宝宝专心地看，避免宝宝一面吃零食一面看，也不要让宝宝一面玩玩具一面看。当宝宝想做其他事情时，就把电视关掉，并跟他说明："如果你要去做其他事情，就先把电视关了。等你想只看电视时，我们再一起看电视。"

宝宝超过 2 岁还吃手要及时纠正

前几天我们的育婴师在朋友圈看到了一位宝妈的新状态: 我家宝贝甜甜快 2 岁半了, 经常不知不觉地就把手放进了嘴里。只要一看到她吃手, 我就会把她的手拿出来, 教育她: "甜甜, 不能吃手, 手上有很多细菌, 你吃了细菌就跑到你肚子里, 就会生病的, 知道吗?" 她说: "知道了。" 但没过多久, 她又吃手了。各位育婴师, 请给支个招, 怎么戒掉她吃手的毛病?

吃手是宝宝成长过程中的一种心理需求, 是他探索外面世界的方式, 但有的宝宝像甜甜一样, 2 岁之后还在吃手。这种吃手行为已经不是成长的需求, 而很有可能是宝宝内心状态的反映, 爸爸妈妈需要密切观察, 找出宝宝吃手的原因, 然后用合适的方法帮宝宝纠正。

宝宝可能是紧张了

当宝宝吃手时, 爸爸妈妈先别着急教育、斥责宝宝, 而是回忆宝宝吃手前的行为或碰到的人和事, 以及吃手时宝宝的表现, 看他是不是处于紧张、无聊或者无所适从的状态。就像成年人一样, 紧张时会出现不自觉地整理头发、搓手、插兜等行为。

育婴师支招 2 岁以上宝宝吃手很有可能是出于紧张、焦虑甚至是无所适从, 这时爸爸妈妈不应单一地阻止宝宝吃手, 而是首先要检讨自己, 是不是给宝宝提供的家庭环境没有满足他的心理需要, 或者是自己给予宝宝的关爱是不是不够, 然后轻轻拥抱、拍拍宝宝, 让他感受到你的关心, 或者陪宝宝做一些有趣的游戏和活动, 让他不再感到无聊或无事可做。

缺锌的宝宝更爱吃手

宝宝缺锌时, 可出现爱吃手的现象, 并伴有食欲不佳、个头发育不良、异食癖、磨牙、咬指甲、咬衣服等。

育婴师支招 当宝宝出现以上症状, 爸爸妈妈应带宝宝到医院做微量元素检测, 如果确定是缺锌, 就需要在医生的指导下补充锌制剂。牡蛎、蛤蜊、猪瘦肉、动物肝脏、虾等含有丰富的锌, 爸爸妈妈平时要把这些食物添加到宝宝的饮食中。

不要总说 "别吃手"

有的爸爸妈妈看到宝宝吃手时, 就呵斥宝宝: "别吃手!" "手不能吃!" 宝宝受到呵斥之后, 会因为害怕而把小手从嘴里拿出来。但是, 这只是表面上有一定的威慑力。2~3 岁是宝宝的第一个 "叛逆期", 他已经有了自己的想法, 而你不停地说 "别吃手", 实际上加深了 "吃手" 这个词在他脑海中的印象。当他感觉紧张、焦虑或无所适从时, 就会想起"吃手"并付诸行动。

育婴师支招　当看到宝宝吃手时，不要去强化这个词，更不能呵斥宝宝，而是去抱抱他，亲亲他，把宝宝的小手占用过来，和他牵牵手，慢慢弱化"吃手"这个概念。

涂鸦表格鼓励法帮助宝宝戒掉吃手

2岁以上的宝宝开始喜欢涂鸦，常自己乱画。妈妈可以做一些表格（如图），每当宝宝吃手时，就手把手教宝宝在表格里打一个勾。可以每隔3~4个小时总结一次。例如：第一个"4个小时"宝宝吃手6次，第二个"4个小时"宝宝吃手5次，爸爸妈妈要向宝宝竖起拇指："宝宝，你真棒，这次比上回少了一次，加油哦！"坚持几天，宝宝看到自己的变化，会意识到：只要坚持，我也可以做到不吃手。

—— XXX 吃手统计表 ——

日期	上午				中午	下午						晚上			
	8	9	10	11	12	13	14	15	16	17	18	19	20	21	22
周一															
周二															
周三															
周四															
周五															
周六															
周日															

表现点评：

是否奖励：（如果宝宝表现好，吃手次数减少，可贴上五角星或小红花做奖励）

教宝宝自己穿衣和脱衣服

有的爸爸妈妈觉得宝宝长大后自然会自己穿衣脱衣，于是在他还不会之前把他穿脱衣服的活儿给一手包办了，这是非常不可取的。宝宝会说话、会走路之后，他探索的欲望越来越强烈，也开始想"独立"做一些事情，这时爸爸妈妈不妨教他自己穿脱衣服，锻炼他手眼协调能力和手指的灵活性。

育婴师这样教宝宝脱衣服

从易到难，先教宝宝自己脱袜子、手套、帽子、鞋子等简单的"配件"，再教宝宝解扣子或拉下拉链，脱下袖子。

如果是套头衫，可以配合儿歌"缩缩头，拉出你的乌龟壳，缩缩手，拉出你的小袖口"，并用慢动作向宝宝示范脱衣服的过程，让宝宝反复练习。

• 教宝宝把双手放在后领上

• 告诉宝宝把衣领向上拉，同时头向下缩

• 引导宝宝把头部脱下后，再注意脱掉左右衣袖

• 宝宝成功脱下衣服，要给宝宝点赞

教宝宝脱裤子，爸爸妈妈可以一边示范，一边说："拉下裤子，坐下来，左脚出来了,右脚出来了。"

• 教宝宝把双手放在两侧裤头上，然后向下拉

• 裤头拉至膝盖后，让宝宝坐下，逐一抽出左右腿

育婴师这样教宝宝穿衣服

1. 先从鞋袜开始

教宝宝穿衣服也要从易到难，可让宝宝先从简单的袜子、鞋子开始。刚开始时，先用慢动作给宝宝示范，同时告诉宝宝："把你的小脚从这个口进到袜子里面。"宝宝的鞋一般没有系带，是魔术扣，可引导宝宝先把小脚伸进鞋里，然后拉上脚后跟，贴上魔术扣。刚开始宝宝自己穿鞋时，可能左右穿反了，爸爸妈妈不要直接说"你穿错了，爸爸（妈妈）给你重新穿一下"。可以换一种方式："宝宝，换过来再试穿一次，你会更舒服。"

2. 教宝宝穿开衫

开衫的穿着比较简单，在教宝宝穿开衫时，爸爸妈妈一边示范慢动作，一边告诉宝宝："抓住领口翻衣往背披，抓住衣袖伸手臂，整好衣领扣好扣，穿着整齐多神气。"几次示范之后，让宝宝自己尝试穿衣服，刚开始时爸爸妈妈一边帮忙一边念上面的儿歌，几次后宝宝一般都会自己穿衣服。

系扣子时，爸爸妈妈要告诉他方法：先把扣子的一半塞到扣眼里，再把另一半扣子拉过来。同时配以很慢的示范动作，反复多做几次，然后让宝宝自己动手，及时纠正宝宝不正确的动作。另外，要注意让宝宝先从下面的扣子扣起，这样能够防止宝宝把扣子扣错。

• 教宝宝把衣服展开，披在身上

• 引导宝宝用左手固定右侧衣襟，然后将右手伸入衣袖里。让宝宝用同样的方法穿上左手

• 让宝宝把衣服扣好

3. 教宝宝穿套头衫

先把衣服放平，教宝宝找前面——领子上有标签的是后面，然后再引导宝宝自己穿衣服。刚开始时爸爸妈妈可以帮忙，并配合儿歌："一件衣服三个洞，先把脑袋伸进大洞口，

- 教宝宝把衣服套在头上，头对准最大的洞。用双手拉下衣服，使头部从洞中钻出现
- 引导宝宝用右手去寻找衣服的左侧袖口，也就是右侧的小洞，并将小手从洞中穿出来
- 左侧穿法也同右侧一样，宝宝双手都伸出来后，引导宝宝把衣服拉平整

再把手臂伸进两边小洞洞，拉直衣服就完工。"帮助宝宝理解穿衣服的环节和动作，几次之后宝宝一般都会自己穿衣服。

4. 教宝宝穿裤子

教宝宝学穿裤子之前，让宝宝把裤子铺在床上，分清前后面——裤腰上有标签的在后面，有漂亮图案的在前面。然后再示范怎么穿裤子，并告诉宝宝："穿裤子时，裤子前面在上面，先把一条腿伸进去，小脚丫子露出来，接着把另一条腿伸进去，小脚丫子露出来，然后站起来，拉起裤子就可以了。"刚开始时，宝宝难免会把裤子穿反了，或者两条腿同时伸到一个裤管里，这时爸爸妈妈不要着急纠正，可以先问问宝宝舒不舒服，或者是带他到镜子前"欣赏"自己的样子，然后和宝宝一起找出错误的原因，让他重新穿一遍。

- 让宝宝坐在床上摆正裤子，引导他将右脚伸进右侧裤管，并用同样的方法穿左腿
- 让宝宝自己把裤脚往上提，露出脚丫子
- 引导宝宝站好，自己握住裤头往上提好裤子

宝宝特别爱美，妈妈要收好自己的化妆品

女人都爱美，即使是 2 岁多的女宝宝，也喜欢拿着妈妈的口红涂抹，然后对着镜子"搔首弄姿"。面对酷爱化妆的宝宝，妈妈应该怎么办呢？

宝宝爱打扮的原因

① 好奇心：2~3 岁正是宝宝对新事物产生浓厚兴趣的时期，当她看到妈妈化妆时会感到十分好奇，想着尝试。

② 想变漂亮：宝宝对于美的感受多来源于自己看到的，当她看到色彩艳丽的化妆品，会觉得这是美的，再加上妈妈化妆或从其他地方看到化妆，于是产生了用这些化妆品让自己变漂亮的想法。

③ 引人注意和重视：对于宝宝来说，化妆并不是单纯的打扮，她可能认为自己变漂亮了可以得到大人的夸赞，从而获得满足感和成就感，这也是宝宝抹完口红要在大人面前展示一番的原因。

让宝宝远离你的化妆品

1. 收好你的化妆品

面膜、口红、眼影等化妆品里含有一定的雌激素和重金属成分，而宝宝的嘴唇、眼部皮肤很娇嫩，容易吸收雌激素和重金属成分，若长期使用会危害到宝宝的健康和正常发育，所以妈妈们要收好你的化妆品，放在宝宝看不见、够不着的地方。

2. 在宝宝面前少化妆

宝宝喜欢涂抹化妆品，除了他的好奇心之外，这其中还有妈妈的影响。妈妈以身作则，尽量不要在宝宝面前化妆，宝宝没有模仿的对象，对涂抹化妆品的兴趣也就没那么大了。如果你化妆被宝宝看见了，也不用躲闪，而是大方地告诉他："妈妈要去上班了，上班时需要化淡妆。"让宝宝意识到只需要在一些特定的场合才要涂抹化妆品，在家不需要。

3. 让旁人告诉宝宝化妆很奇怪

宝宝喜欢涂抹你的化妆品，也不要强行阻止。2~3 岁的宝宝手眼协调能力还有待发展，很可能会化成一个"小花猫"。等她涂抹完化妆品之后，你可以请邻居告诉她这样不好看，很奇怪。宝宝得不到夸赞，慢慢地就不用你的化妆品了。

2~3 岁宝宝的饮食原则

2~3 岁的宝宝咀嚼能力、吞咽能力等都有所增强，饮食规律也逐渐向成人模式靠拢。在安排宝宝饮食时，爸爸妈妈需要注意哪些问题呢？

继续添加配方奶

宝宝的成长发育需要补充大量的蛋白质、钙、锌等营养物质，而配方奶是这些营养的重要来源，所以 2~3 岁的宝宝仍然需要添加配方奶，一天保证 250~300 毫升。到宝宝 3 岁后，可逐渐将配方奶过渡到鲜牛奶。

少吃多餐，每天 4~5 餐

2~3 岁的宝宝胃容量还不是很大，每次进食量有限，而宝宝的成长发育速度较快，所以宜给宝宝安排早、中、晚餐，外加 1~2 次加餐。

不要给宝宝太软的食物

2~3 岁时宝宝的乳牙基本长齐，消化吸收能力也逐步完善，这时正是锻炼宝宝咀嚼肌的关键时期，所以给宝宝的食物不要太软，可以给宝宝增加烤馒头片、苹果、芹菜等富含膳食纤维、有一定硬度的食物，以锻炼宝宝的咀嚼能力。

食物要多样化

宝宝的饮食要荤素搭配，可根据平衡膳食宝塔来安排每天的食物，保证营养丰富。但要避免给宝宝吃高糖分、高油脂、高盐分的食物。这时可正式给宝宝添加粗粮，宜选择玉米、红薯、薏米等，与细粮一起混合做成主食给宝宝吃，有助于保护肠道、促进消化、预防便秘。

饭菜玩花样，让宝宝爱上吃饭

2~3岁的宝宝对食物有了自己的喜好，开始偏食挑食。这时，爸爸妈妈要有意识地纠正，变着花样做吃的，让宝宝爱上各种食物。

宝宝爱吃肉、不爱吃蔬菜的应对措施

爸爸妈妈爱吃肉，宝宝也容易爱吃肉。爸爸妈妈要做好榜样，肉类、蔬菜搭配均衡，让宝宝意识到不仅要吃肉还要吃蔬菜。爸爸妈妈可以变个花样吃肉，例如把肉切成丝，与蔬菜搭配，用氽烫过的卷心菜包起来，不仅造型可爱，而且食物丰富，让宝宝蔬菜、肉类都能吃到。

宝宝不爱吃有"怪味"的蔬菜

有的宝宝比较"敏感"，不喜欢味道较重的食物，比如青椒、芹菜、胡萝卜、鱼类等。但这些食物营养丰富，含有宝宝生长发育所需的蛋白质、铁、维生素等营养物质，如果宝宝总是拒绝它们，很容易造成营养素摄入不全。对于这种情况，我们育婴师的经验是——用一些小技巧"去掉"这些怪味。比如把胡萝卜、芹菜切成末，与豆腐混合做成蔬菜豆腐丸子；或者做鱼时加入一些生姜或柠檬汁，可以去除鱼腥味；把青椒切成末，放入蛋液中搅匀，摊成鸡蛋饼等。

可爱造型和新的味道，吸引宝宝的注意力

如果宝宝不爱吃饭，爸爸妈妈要在饭菜上下功夫了，可以给饭菜弄个可爱的造型或换个味道来吸引宝宝。例如把简单的白米饭配上黄瓜丝、胡萝卜丝等，放在紫菜里卷起来，做成紫菜卷；或者是在白米饭里加入地瓜，地瓜饭色泽金黄而且带有丝丝甜味，能勾起宝宝吃的兴趣。

 育婴师经验谈

爸妈对食物的态度直接影响到宝宝的饮食习惯，如果爸妈总是在餐桌上批判某种食物味道不好，宝宝自然而然形成"这种食物不好吃"的观念，从而拒绝吃这种食物。所以爸妈在餐桌前不要批判食物，而是津津有味地吃各种食物，宝宝看到爸爸妈妈吃得香，他也自然吃得香，因为宝宝有很强的模仿能力。

适合 2~3 岁宝宝的营养食谱

水果鸡丁 适合 2 岁以上宝宝

材料： 鸡胸肉 300 克，西瓜、梨、火龙果、黄瓜各 50 克，沙拉酱适量。

做法： 1. 鸡胸肉洗净，切成丁，冷水下锅煮熟。

2. 西瓜、梨、火龙果、黄瓜分别切成丁。

3. 将鸡丁和水果丁一起放入碗中，倒入沙拉酱拌匀即可。

📋—育婴师营养笔记—

　　富含蛋白质的鸡丁配上富含维生素、膳食纤维的水果，营养很丰富，味道清甜可口，很适合不爱吃饭的宝宝。

五彩虾仁  适合 2 岁以上宝宝

材料： 虾仁 250 克，青豆、胡萝卜、水发香菇各适量，姜汁、盐各少许。

做法： 1. 虾仁洗净，放入沸水中汆烫 1 分钟左右，捞出备用。

2. 胡萝卜、水发香菇分别洗净，切成丁，和青豆一起入沸水中汆烫 2~3 分钟。

3. 锅里加少许油烧热，下入虾仁、胡萝卜、青豆、香菇丁炒熟，加姜汁、盐调味就可以了。

📋—育婴师营养笔记—

　　这道菜含有钙、膳食纤维、维生素等物质，能帮助宝宝补充营养，预防便秘。

香芹腐皮

材料 芹菜300克，豆腐皮100克，胡萝卜半根，盐适量。

做法 1. 芹菜去老叶，择洗干净，切小段；豆腐皮洗干净，用温水泡软后切成条状；胡萝卜洗净，切丝。

2. 锅里加少许油烧热，下入芹菜、胡萝卜炒2分钟，再放入豆腐皮炒匀，加盐调味就可以了。

育婴师美食经验

可以根据宝宝的需要加入其他食物，例如便秘的宝宝，可以加入黑木耳，黑木耳有润肠通便的作用；需要补钙的宝宝，可以加入虾仁或鱼肉等。

什锦蔬菜饼

材料 西葫芦、胡萝卜、西红柿各60克，面粉50克，鸡蛋1个，盐少许。

做法 1. 西葫芦、胡萝卜洗净，擦成丝；西红柿洗净，汆烫后去皮，切丁。

2. 鸡蛋磕碎，打入面粉中，加少许盐调成糊状。

3. 将西葫芦丝、胡萝卜丝及西红柿丁放入面糊中，混合均匀。

4. 平底锅置火上，放少许油，烧热后倒入面糊，煎熟就可以了。

"虫牙"危害多，要早发现早治疗

生活中我们常看到一些宝宝一张口就是黑牙，有的宝宝甚至恒牙还没长出来就出现门牙被虫蛀缺失的情况。这些都是龋齿的表现，也就是我们经常说的"虫牙"。

虫牙的发展过程

虫牙，细菌就像虫子一样，一点儿一点儿地把牙齿"吃掉"。现在我们来看看细菌是怎么把牙齿给"吃掉"的。

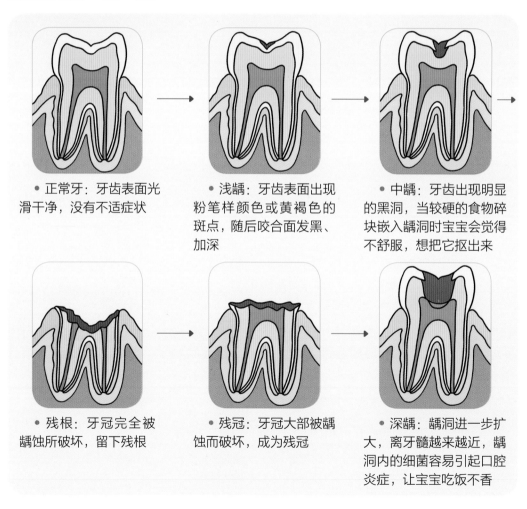

• 正常牙：牙齿表面光滑干净，没有不适症状

• 浅龋：牙齿表面出现粉笔样颜色或黄褐色的斑点，随后咬合面发黑、加深

• 中龋：牙齿出现明显的黑洞，当较硬的食物碎块嵌入龋洞时宝宝会觉得不舒服，想把它抠出来

• 残根：牙冠完全被龋蚀所破坏，留下残根

• 残冠：牙冠大部被龋蚀而破坏，成为残冠

• 深龋：龋洞进一步扩大，离牙髓越来越近，龋洞内的细菌容易引起口腔炎症，让宝宝吃饭不香

反正要换牙，不用补？

"放任派" PK "治疗系" 育婴师观点

牙齿坏了就坏了，不用补，反正以后要换牙。

乳牙坏了会影响宝宝的胃口，还容易出现口腔炎症，应该补牙。

给"治疗系"点个赞！乳牙发生龋齿，会给宝宝的身心带来不良影响，应及早发现及早治疗。

乳牙发生了龋坏，会影响到宝宝的咀嚼功能，使宝宝吃饭不香。如果食物残渣进入龋洞里，没有及时清理出来，就容易滋生细菌，引发炎症，这对恒牙的萌出也是不利的。如果宝宝的门牙龋坏了，就会使得宝宝说话时"漏风"，影响语言的学习和正确发音，别人对宝宝门牙缺失的议论还容易使宝宝不自信，对他的心理健康造成影响。所以爸爸妈妈应每个星期都要给宝宝做一次口腔检查，每 2 个月带宝宝到医院做一次口腔检查，如果发现宝宝的牙齿表面变黑或者出现龋洞，应及早治疗。

居家给宝宝检查口腔的方法：宝宝刷完牙后，妈妈洗干净双手，一手握着宝宝的下巴，让宝宝大声念"啊"并张开嘴，一手用手电筒照宝宝的小嘴，看宝宝嘴里的情况。如果牙齿发黑，说明龋齿发展到了一定程度，需要尽早治疗。若看到宝宝的牙龈红肿，表示宝宝口腔有炎症。

爸妈须知："虫牙"的治疗和护理方法

发现宝宝长"虫牙"后，虽然治疗的问题交给了医生，但爸爸妈妈也要了解"虫牙"

不同程度龋齿的治疗方案

发展程度	治疗方法
浅龋	医生通常会把牙齿表面发黑的地方去除，然后用适当的材料进行填补
中龋	需要进行根管治疗，清除根管内的坏死物质，消毒后充填根管，再用适当的补牙材料填补龋洞
深龋	根据龋洞的深度、遗留量多少、是否有牙周炎症，决定填充还是拔牙
残冠、牙根	一般都要拔除，然后安装牙齿缺隙保持器，防止缝隙缩小，以保证恒牙的正常萌出

的治疗方法，根据治疗方法进行后期的护理，以让宝宝的牙齿变得健康起来。

给宝宝补牙后，爸爸妈妈要引导宝宝做好口腔的清洁护理，帮助他保护好自己的乳牙。

① 补牙的当天不要刷牙，以防触碰引起补牙材料脱落。从补牙的第 2 天开始，爸爸妈妈要认真督促宝宝，每天早晚刷牙、饭后漱口，并向宝宝示范正确的刷牙方式（见 P220~221"让你的宝宝爱上刷牙"），确保宝宝刷牙到位。

② 补牙材料的凝固需要一定的时间，所以补牙后 2 小时内应忌食，可给宝宝喝一些温开水。补牙后 2 小时，可以给宝宝吃一些温和、清淡的流质或半流质食物，如配方奶、烂粥、面片汤等，24 小时后再逐渐恢复至正常饮食。

③ 一般补牙时医生会先给宝宝补一侧牙齿，5~7 天之后再补另一侧，补牙 24 小时内宝宝吃饭时，要引导宝宝用未补的一侧咀嚼，24 小时后再用补好的一侧咀嚼。

④ 平时少给宝宝吃糖果、糕点等甜食，一周不超过 2 次，这些甜食很容易粘牙，侵蚀牙齿。每次给宝宝吃完后，要让宝宝漱口、刷牙。建议给宝宝适当吃水果、蔬菜等粗纤维食物，这些食物有助于牙齿的清洁，增强咀嚼能力。

⑤ 补牙之后，一般每 3~5 个月检查一次，爸爸妈妈应定期带宝宝到医院检查。

手足口病容易被误判，爸妈要炼就"火眼金睛"

宝宝如果患有手足口病，口腔里可出现溃疡，手脚上常长有疱疹，常被误以为是口腔溃疡或水痘。爸爸妈妈是宝宝最亲近的人，很有可能是第一个发现宝宝不舒服的人，所以要了解手足口病的表现和护理常识，以防误诊而延误了病情。

手足口病有哪些表现

手足口病是一种由多种人肠道病毒引起的传染病，多发生在夏秋交替季节，5 岁以下宝宝是高发人群。手足口病有较强的传染性，9 月份宝宝入园时有可能存在大面积爆发，如果宝宝已经上幼儿园或早教班，爸爸妈妈就要留心观察了。

手足口病病程发展过程

宝宝感染肠道病毒后，一般有 2~10 天的潜伏期，在这期间没有明显的症状，但病毒在宝宝的体内悄然复制。

即发病初期，出现发热、咳嗽、头痛、食欲不好等类似感冒的症状，常被误以为是感冒。

- 出现类似感冒的症状 1~3 天后，宝宝的口腔、舌头、脸颊、手心、脚心、肘部、膝盖、臀部和前阴等部位，出现粟粒样斑丘疹或水疱，周围有红晕。
- 皮疹出现后的第 2 天，有部分皮疹形成米粒或豆粒大小的水疱。这种水疱看起来像水痘，所以手足口病也常被误认为是水痘。
- 病情继续发展，宝宝的硬软腭、舌尖、舌侧缘、两颊、唇齿黏膜可陆续出现散在的白色小水疱，水疱破溃成小溃疡。这种溃疡疼痛明显，宝宝常因为吃东西时刺激到溃疡而哭闹、拒食，还经常流口水。
- 少部分宝宝可能出现重症，表现为精神萎靡、烦躁不安、频繁呕吐、肢体震颤或无力、呼吸明显加快、面色苍白、呼吸困难，体温持续 ≥ 39℃且治疗后退热效果不佳等。这是宝宝可能出现并发症的信号，应立即就医。

体温下降，皮疹如果没有感染，一般 2~5 天水疱逐渐干燥，形成深褐色结痂，脱痂后不留瘢痕。

手足口病的治疗与护理

手足口病重在预防，我们育婴师给各位爸妈预防手足口病的"15字诀"——常洗手、勤开窗、喝开水、食熟食、晒衣被。若宝宝不幸被手足口病给盯上，手足口病病情比较轻的一般不需要住院，只要对症处理，并注意生活细节，一般7~10天能痊愈。但是如果宝宝出现发热、精神萎靡、流口水严重、拒绝吃饭的情况，一定要及时就医。我们育婴师提醒各位爸妈，在宝宝患病期间应注意以下事项。

1. 避免外出

当确诊宝宝患有手足口病后，若不需要住院，应尽量让宝宝待在家中，避免外出，直至体温恢复正常、水疱结痂。手足口病传染性强，可通过唾液、喷嚏、咳嗽、说话时的飞沫等方式传染，如果家里不止一个宝宝，需要把健康的宝宝和患有手足口病的宝宝隔离开来。我们的育婴师建议，先暂时把健康宝宝送到亲戚家，并向他解释清楚原因。

2. 保持环境卫生

每天至少开窗通风2次，每次至少20分钟。居室内要避免人员过多，禁止吸烟，防止空气污浊。爸爸妈妈每天可以用醋熏蒸房间进行空气消毒，方法为：把半瓶醋放在小锅里，大火把醋烧开，然后转成小火，让醋挥发。

3. 注意宝宝的卫生

宝宝用过的餐具、玩具等要及时清洗，彻底消毒，且避免宝宝间相互使用对方的物品，以免交叉感染。宝宝的衣物、被单等要勤洗勤换，每天用婴儿洗衣液浸泡，清洗干净后放在阳光下暴晒。另外，培养宝宝良好的卫生习惯，饭前、便后都要让宝宝彻底洗干净双手。

4. 多喝水，清淡饮食

多给宝宝喝温开水，饮食上应安排容易消化、温和的流质或半流质食物。忌给宝宝吃冰冷、辛辣等刺激性食物以及酸性饮料，以免刺激口腔内的溃疡而加剧疼痛。

• 宝宝患有手足口病期间，要避免给宝宝吃辛辣刺激性食物。

5. 对症护理

◎ 发热：根据本书 P110 的方法，38.5℃以下物理降温，超过 38.5℃则遵医嘱给宝宝服用药物。

◎ 皮疹：使用医生开的药物给宝宝洗浴长水疱的部位，擦干水分后涂抹药膏；及时更换衣服，每天坚持给宝宝洗澡，保持皮肤清洁；把宝宝指甲修剪整齐，如果宝宝总是把水疱抓破，应用软布手套套住宝宝的双手。

◎口腔里的溃疡：早晚坚持刷牙，饭后用温开水或淡盐水漱口；给溃疡面喷涂医生开的药膏。

爸妈慧眼识别手足口病与水痘、口腔溃疡

1. 手足口病与水痘的区别

- 水痘疱疹一般遍及全身，重点集中在胸腹、后背部位，头面部、头皮、脚底、手掌、手指上也有可能出现水痘。手足口病的疱疹主要分布在手、脚及口腔，胸腹、后背很少。
- 水痘发生时，起初长米粒大小的红色痘疹，几小时后痘疹变成明亮如水珠的疱疹，个头稍大而且皮薄，有痒感。手足口病的疱疹要分部位，口腔黏膜上的疱疹为 1~3 毫米大小，疱破后变成浅浅的糜烂、溃疡，灼痛感很明显；手脚部位的一般是红色斑丘疹或水疱。
- 水痘一般持续 1~2 周；手足口病一般持续 7~10 天。

育婴师提示　　不论是手足口病还是水痘，都属于传染性较强的疾病，一旦发现宝宝出现疑似这两种疾病的症状，都应立即带他去医院。

2. 手足口病与口腔溃疡的区别

宝宝患手足口病，口腔里的疱疹破了之后可形成浅浅的溃疡，同时伴有手心、脚心、臀部等部位长丘疹或疱疹。口腔溃疡是一种常见的口腔黏膜疾病，通常只有溃疡出现，有的可伴有口臭、便秘等上火症状。

● 宝宝经常用的毛巾、浴巾等同样需做好消毒工作。

哮喘：增强体质，减少哮喘发作

众所周知，哮喘有反复发作、难以根治的特点，如果护理不当，可影响到宝宝的生长发育，还有可能迁延不愈，导致肺功能受损。宝宝患有哮喘，爸妈也承受很大的压力，生怕自己护理不到位让宝宝痛苦。我们的育婴师提醒爸爸妈妈们，只有了解小儿哮喘的原因和症状，掌握正确的防控方法，才能有效减少哮喘发作的次数，让宝宝的生活回到正轨。

不同时期的小儿哮喘表现

1. 发作先兆及早期症状

我们的育婴师曾经护理过一个哮喘宝宝，每当受到冷空气刺激时，他首先表现出感冒的症状，如眼睛发痒、鼻子痒、打喷嚏、流清鼻涕等。宝宝比较小，不会表达自己感觉痒，往往表现为揉眼、搓鼻子等。哮喘早期发作，宝宝还出现干咳或呛咳的现象。在哮喘发作前，这些症状通常持续

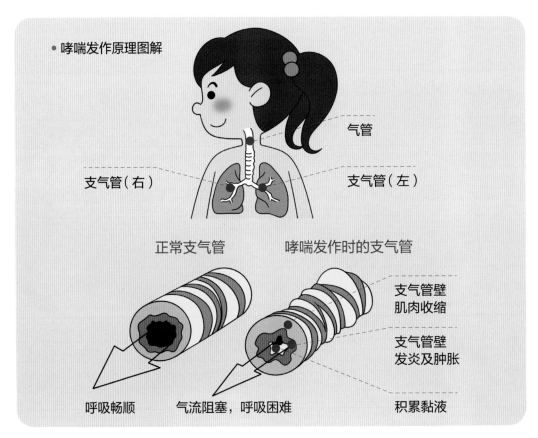

• 哮喘发作原理图解

气管

支气管（右）　　　　　　　支气管（左）

正常支气管　　　哮喘发作时的支气管

支气管壁肌肉收缩

支气管壁发炎及肿胀

呼吸畅顺　　气流阻塞，呼吸困难　　积累黏液

正确使用气雾剂的方法

①妈妈首先要冷静下来，迅速找到宝宝的气雾剂，然后充分摇匀，打开盖子（图①）。

②把气雾剂的喷嘴放到宝宝嘴里，使宝宝的嘴唇把喷嘴包严（图②）。

③按动气雾剂的开关，把药向口腔内喷出（图③）。

④喷完药后，合住宝宝的嘴10秒钟，然后再放开，这样能使药物最大限度地进入宝宝的身体里（图④）。

- 开盖摇匀   - 将喷嘴放入口内   - 用力按下并吸气   - 屏息10秒钟

数小时或数天，如果你的宝宝曾经有过哮喘发作，或者有过敏史的，一定要及时带宝宝去医院检查，及早治疗，尽可能地避免哮喘的发作。

2. 缓解期症状

所谓缓解期，指的是没有诱因刺激，疾病症状比较轻，人的身体情况、精神状态比较好的时期。在缓解期，小儿哮喘一般没有明显的症状，对正常的活动基本没有影响。但有的宝宝可能出现过敏性鼻炎或咽炎，也有的宝宝出现胸部不适、肺内哮鸣音的情况。缓解期的宝宝身体情况比较舒适，爸爸妈妈可以利用这段时期和宝宝一起锻炼身体，帮助宝宝增强体质，提高免疫力，强健的体质和好的免疫力是对抗哮喘的法宝。

3. 急性发作时的症状

哮喘急性发作时，喘息是最大的特征，同时宝宝还可出现憋气、缺氧、有痰咳不出、高调喘鸣声、鼻翼扇动等症状。当急性发作时，应尽快喷气雾剂，扩张支气管，使呼吸逐渐变得顺畅。

哮喘缓解后的照护宜忌

🏠 给宝宝喷气雾剂缓解哮喘后，及时带他到医院检查，并跟医生详细描述发病过程、近期发病次数和每次持续时间等，一起制订一套预防和处理哮喘发作的方案。

🏠 找出哮喘发作的原因，以后尽量帮助宝宝避免接触这些诱发因素，如宝宝吸入花粉或"二手烟"时哮喘发作，说明宝宝对花粉或"二手烟"过敏，应让他远离花粉或"二手烟"。

诱发哮喘的常见因素

1. 致敏原

◎ 空气中的尘埃、灰尘、花粉、地毯、动物毛发、衣物纤维以及香烟、蚊香、刺鼻气体、厨房油烟、油漆味等。

◎ 食物如牛奶、鸡蛋、鱼虾、香料、蚕豆等。

2. 感染：上呼吸道感染、支气管炎和感冒等。

3. 空气污染，如工厂喷出的二氧化硫，就可能诱发哮喘。

4. 气候转变，如夏秋之间，或者由冬季进入春季，温度和空气中湿度的转变使宝宝的呼吸道产生过敏反应。

5. 剧烈运动。

6. 大笑大闹、生气、愤怒、恐惧等情绪因素。

宜 遵医嘱使用预防哮喘发作的控制性药物；不要自行给宝宝服药以及停药。

宜 定期用开水烫洗被罩、枕套、窗帘、床垫等物品，每天勤换勤洗宝宝衣物并放在阳光下暴晒。

宜 在冷空气来袭前做好保暖工作，避免宝宝着凉感冒后咳嗽而诱发哮喘。

忌 在家里铺地毯，地毯是螨虫喜欢藏匿的地方，而螨虫容易导致过敏，诱发哮喘。

忌 家中养猫、狗、兔、鸽子等容易导致过敏、诱发哮喘的宠物，更不能让动物进入宝宝的卧室。

小儿哮喘的饮食调养宜忌

宜 多吃新鲜的蔬菜水果，如白萝卜、白菜、梨、荸荠等，这些食物有清肺化痰的作用，可帮助减少痰对气道的堵塞。

宜 多吃含钙丰富的食物，如豆腐、奶类、干果等，钙能增强气管的抗过敏能力。

宜 督促宝宝多喝温开水，有助于稀释痰液，湿润气道。

忌 吃过甜的食物，如糖果、甜饮料、糕点等，这些食物容易使人湿热蕴积成痰，加重气道的堵塞。

忌 海鲜，如海虾、螃蟹、带鱼、黄鱼以及小龙虾等，这些食物是诱发哮喘的重要过敏原。

忌 辛辣刺激性食物，如辣椒、辣酱、韭菜、大葱等，这些食物可助火生痰，还可刺激喉咙使宝宝咳嗽，从而诱发哮喘。

忌 寒凉食物如冰镇饮料、冰激凌、冷饭等，这些食物可引起支气管平滑肌收缩，导致咳嗽，剧烈的咳嗽可诱发哮喘。

减少哮喘发作，增强体质是重点

俗话说："身体棒，胃口好，吃嘛嘛香。"

增强体质，提高免疫力

糖皮质激素

常规疗法

内因
呼吸道免疫
功能下降等

解除平滑肌痉挛

常规疗法

外因
大气污染
气候变化
过敏因素

慢性气道炎症

气道敏感性
增加

气管平滑肌
痉挛

哮喘

强健的体质是健康的基础，如果宝宝体质弱、免疫力低，就容易受过敏因素影响，出现气道炎症而诱发哮喘。所以，小儿哮喘的调养，重点是增强宝宝的体质。

经常游泳防哮喘

在哮喘缓解期经常带宝宝去游泳，可增强宝宝的心肺功能、提高肺的通气功能，对防治哮喘很有利。另外，游泳时接触的是冷水，能提高宝宝对环境的适应能力，降低感冒的概率，感冒是诱发哮喘的重要因素。

每天晒太阳强身体

《黄帝内经》里说："阳者，卫外而为固。"阳气有抵御外邪侵袭的作用，宝宝阳气不足，就难以抵挡诱发哮喘因素的侵扰，所以患有哮喘的宝宝需要补充阳气。晒太阳是补充阳气最好的方法，爸爸妈妈每天要带宝宝到户外玩耍，让他晒晒太阳。不过，晒太阳要注意时间，夏天气温高、紫外线强，建议上午 8~9 点、下午 5 点左右带宝宝晒太阳；冬天建议在中午阳光最好时带宝宝到外面玩耍。

常被当作感冒的小儿肺炎

宝宝不小心感染了肺炎，肺炎的早期症状表现为咳嗽、咳痰、发热、呼吸频率加快等，跟感冒非常相似，也常误以为是感冒，从而错过最佳治疗时机。爸爸妈妈可以通过我们育婴师的方法，细心观察宝宝的身体表现，区分感冒和小儿肺炎，让宝宝得到及时的治疗。

了解肺炎的发展过程

宝宝患有肺炎后，起初出现类似感冒的症状→"感冒"约3天后，出现发热（超过38℃）、流清鼻涕、咳嗽→再过2~3天，咳嗽加重，呼吸快而浅，每分钟可达60~100次，严重的可出现喘、憋、呼吸延长等症状→肺炎进一步发展，宝宝可出现烦躁不安、面色苍白、鼻翼扇动、口周青紫、呼吸困难等，严重的还可能出现心力衰竭等并发症。

育婴师 6 步区分感冒与肺炎

第1步：量体温

小儿肺炎大部分的发热超过38℃，持续2~3天不退，使用退热药后只能暂时退热，一会儿发热又"卷土重来"。感冒虽然也有发热症状，但通常低于38℃，持续时间短，物理降温后能让体温降下来。

第2步：看咳嗽

宝宝若患有小儿肺炎，多表现为咳嗽，持续时间长，超过1周以上，严重的咳嗽时可出现气喘、憋气、口周青紫的情况。感冒引起的咳嗽一般不会引起呼吸困难。

第3步：看精神

宝宝患有肺炎时，精神状态很不好，常出现烦躁、哭闹不安的情况。若是普通感冒，宝宝的精神一般比较好，能玩。

第4步：看胃口

宝宝患有肺炎时，因为咳嗽而吃不下东西，还因为憋气而哭闹不安。若是感冒，胃口虽然受到影响，吃东西减少，但程度比较轻。

第5步：看睡眠

宝宝如果患有肺炎，睡得比较少，容易惊醒，醒后哭闹，还有夜间呼吸困难加重的情况。感冒对睡眠的影响不大，宝宝通常都能睡得比较好。

第6步：听胸口

宝宝若患有肺炎，爸爸妈妈贴在他胸前，在宝宝吸气之后可听见"咕噜"声，医学上称为细小水泡音，是肺部炎症的重要体征。若是感冒，通常听不到这种声音。

小儿肺炎，爸妈这样护理

通过对宝宝体征的观察，排除感冒、怀疑是肺炎的早期症状后，应立即带宝宝到医院。如果检查后确诊是肺炎，一般都要住院治疗直至炎症消除。在住院期间，爸爸妈妈应配合好医生的治疗，并做好以下护理工作。

1 密切观察，看宝宝是否出现体温升高、精神萎靡、呼吸困难、脸色紫绀等情况，如有应立即找医护人员处理。

2 尽量避免亲朋的探视，人来人往可影响病房里的空气，还有可能影响到宝宝休息，这对疾病痊愈都是不利的。

3 宝宝不打点滴时，应经常给他排痰：把宝宝抱起来，让他趴在你的肩膀上，由下而上，由外周向肺门轻轻拍击（如图）。如果不能把痰排出，则需要用宝宝专用吸痰管把痰吸出来。或者告知医护人员，使用雾化吸入治疗，使痰液变得稀薄，容易排出体外。

4 发现宝宝呼吸时有"呼噜"声，要用干净的纱布或吸鼻器帮他清除鼻腔分泌物，保持呼吸通畅。

5 住院期间不方便给宝宝洗澡，爸爸妈妈应每天用毛巾蘸取温水给宝宝擦身子，并更换内衣裤。如果宝宝出汗多，可在宝宝的后背垫一块毛巾，汗湿后再换干净的毛巾，以防着凉而加重肺炎。

6 宝宝病情缓解，医生准许出院后，爸爸妈妈要给宝宝营造一个空气清新、安静、干净的居室环境，平时打扫房间要用湿抹布，防止尘土飞扬，因为灰尘可刺激宝宝的呼吸道，加重咳嗽。

小儿肺炎的饮食调理

1 给宝宝多喝温开水，水有稀释痰液的作用。可以适当给宝宝喝一些蔬菜水，但不宜给宝宝喝果汁，因为果汁含有一定的糖分，可使宝宝的喉咙黏黏的感觉不舒服。

2 在发热期间，给宝宝的饮食应以清淡、容易消化的流质或半流质食物为主，例如蔬菜粥、小米粥、面片汤、配方奶等。等宝宝体温恢复正常、咳嗽症状减轻至普通感冒症状后，再逐步恢复到正常饮食。

3 对某些已知可引起过敏、诱发哮喘的食物，如螃蟹、蚕豆、花生酱等，应避免食用。

4 忌给宝宝吃辛辣、冰冷等刺激性的食物，如西瓜、冰淇淋、冰冻果汁、冰糕、冰棒、冷饮、香蕉、生梨等。

脚跟脚，宝宝的双脚更灵活

宝宝2岁之后，不仅能单脚站立、跳、跑，他还喜欢踩着脚印走。爸爸妈妈平时经常和他一起玩"脚跟脚"的游戏，能让宝宝的双脚变得更灵活，还能锻炼宝宝行走的平衡协调能力。

准备物品：做6个小脚印。

游戏方法：

1 先做6个小脚印，然后脚尖对脚跟地贴在地板上。

2 爸爸或妈妈示范踩脚印往前走，然后让宝宝模仿，每一只小脚踩在小脚印上，一步紧跟着一步，使脚尖对着脚跟。先让宝宝向前走，等熟练后可以向后走。

学古诗，做个"学霸"宝宝

2~3岁的宝宝机械记忆能力很强，而唐诗简短押韵，朗朗上口，宝宝一般都非常喜欢背诵。这时爸爸妈妈可以选择一些比较简单的唐诗和宝宝一起背诵，对宝宝的语言能力和记忆能力的提高都有好处。

静夜思	悯农	春晓
唐·李白	唐·李绅	唐·孟浩然
床前明月光，	锄禾日当午，	春眠不觉晓，
疑是地上霜。	汗滴禾下土。	处处闻啼鸟。
举头望明月，	谁知盘中餐，	夜来风雨声，
低头思故乡。	粒粒皆辛苦。	花落知多少。

学做手指操，培养宝宝手指灵活性

经常和宝宝一起练习手指操，既能让宝宝熟悉儿歌，又能培养宝宝手指灵活性，提高手眼协调能力。我们的育婴师给 2~3 岁的宝宝推荐如下手指操。

和宝宝一起做手指操：《数数》

一根棍，梆梆梆。（在自己身上轻轻敲打）　二剪刀，剪剪剪。（用食指、中指在身上轻轻夹）　三叉子，叉叉叉。（食指、中指、无名指分开伸出，轻触自己的身体）　四板凳，拍拍拍。（拇指弯曲，四指并拢，轻打）　五小手，抓抓抓。（五指分开，然后做抓的动作）

六烟斗，抽抽抽。（拇指和小指伸开做抽烟状）　七镊子，夹夹夹。（拇指、食指、中指捏一起，在身上捏捏）　八手枪，啪啪啪。（拇指、食指做手枪状，啪啪啪射击）　九钩子，钩钩钩。（食指弯曲做钩状，在宝宝胸前钩钩）　十麻花，转转转。（中指搭在食指上，食指伸直，双手转动。）

你说的我都会做，提高宝宝的理解能力

2~3 岁的宝宝会说的话比以前多，理解能力也有很大的进步，能连续执行大人提出的 2 个不相关的指令。这时，爸爸妈妈可以有意识地在游戏中要求宝宝按照自己说的话来做，锻炼他的理解能力。

游戏方法：一起玩游戏时，可以让宝宝先学马儿跑，再学乌龟爬；先学奶奶走路，再学爸爸开汽车。日常生活中，也可以有意识地锻炼宝宝的理解能力，如跟他说："请你把毛巾给奶奶，再把扫把拿到厨房。""请把你的小汽车放到架子上，再把爸爸的拖鞋拿过来。"在说指令时，语速要慢，要求宝宝听完了、听懂了再去做。宝宝做对了一定要及时鼓励："宝宝真棒，一下子能做两件事情了。"

 育婴师经验谈

刚开始时，宝宝可能只记住一项指令，只做了一件事，这时爸爸妈妈要慢慢引导他："宝宝，妈妈刚才给你布置了哪些任务？"让宝宝自己说出需要做哪些事情，然后引导他说出哪件事情做了、哪件事情没有做，再让他去做没有完成的事情。几次后，宝宝就会慢慢记住你的话，漂亮地完成任务。

一起踢球，多交好朋友

培养宝宝的社交能力，是宝宝以后与人相处不可缺少的能力。缺乏社交能力的宝宝，往往不敢与同龄的小朋友一起玩耍，一旦出门在外，往往显得拘谨胆小，不敢与陌生人交谈，通常躲在妈妈的身后。所以从宝宝小时候开始，爸爸妈妈要有意识地培养宝宝的交际能力，扩展他的社交范围，让他多跟小区或公园里的小朋友玩。

准备物品：小皮球。

游戏方法：爸爸妈妈带宝宝到户外玩耍，鼓励他和其他小朋友打招呼，互相认识，然后一起踢球，也可以相互传球。

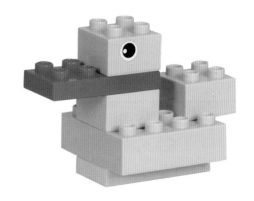

教宝宝说文明用语

教宝宝说文明用语，要从小开始！2岁之后，宝宝会模仿大人说话的内容和语气，这时教他使用文明用语，对他以后养成讲文明懂礼貌的习惯大有裨益。你结合真实的生活场景教宝宝说文明用语，例如：

1 让宝宝帮忙递东西时说："宝贝，妈妈请你帮个忙，好吗？"宝宝递东西时对他说："谢谢。"

2 当宝宝看到其他人而自己还不会说时，妈妈可以代劳："陈阿姨好！"当与对方分别时说："再见！"

3 电话铃响了，在按接听键之前向宝宝说明自己在接电话，在按接听键之后，要跟对方说："您好，这是 XXX 家，请问您找哪位？"

 育婴师经验谈

不要以为宝宝还小，不懂得这些话的意思，他会在潜移默化中记住这些文明用语，等他再大一些会说话时，他会在合适的场合说出来。

比比长短，发展比较能力和判断能力

2~3 岁的宝宝逐渐有了分辨能力，有了基本颜色、形状和方位的概念。这时爸爸妈妈可以通过"比比长短"的游戏，逐渐培养宝宝的对比能力和判断长短的能力。

准备物品：两根长短不一的吸管，两根长短不一的铅笔或尺子、绳子等。

游戏方法：

1 在游戏之前，爸爸妈妈要告诉宝宝长、短的不同，用手上的吸管、铅笔、尺子或绳子等举例。

2 将长短不一的各种材料放在桌子上，让宝宝一一辨认都是哪些东西，然后在同一样东西里让宝宝选出长的一根。如果宝宝选对了，一定要大声鼓励宝宝。

宝宝熟练了两根之后，再用三根长短不一的吸管或其他物品，让宝宝选出最长的一根。刚开始有些难度，爸爸妈妈耐心引导。随着宝宝能力的增长，爸爸妈妈可以增加物品的数量，让宝宝进行选择，并进行排序。

讲故事，提高宝宝的阅读能力和表达能力

2~3岁的宝宝喜欢图画，听爸妈讲故事，常常一个简单的故事也喜欢重复听许多次，所以爸妈可以借此机会培养宝宝的阅读能力及听故事的兴趣，并通过提问等方式，提高宝宝的语言理解能力和表达能力，对宝宝进行教育等。

准备物品：故事书一本，选宝宝喜欢的故事。

游戏方法：这里以《小熊的房子》为例。

① 爸爸或妈妈在讲故事之前，跟宝宝所："今天我们的家里有一位小客人要来做客，猜猜他是谁？"然后向宝宝展示书上的图片："看，是小熊。"接着开始讲《小熊的房子》。

② 故事结束之后，和宝宝着重学习"下雨""刮风"的声音，鼓励宝宝模仿。

③ 重复讲故事，向宝宝提出问题："小熊为什么哭了？""小熊家的墙是什么颜色的？""小熊家的屋顶是什么颜色的？""小熊家的门是什么颜色的？"注意引导宝宝自己回答，完整地表达出来。

小熊的房子

森林里住着一只可爱的小熊，它有一座很漂亮的房子。红红的屋顶，黄黄的墙，绿色的小门，小熊特别喜欢这座房子。有一天晚上下起了大雨，"哗——"，接着刮起了大风，"呜——"。结果小熊的房子倒了，小熊很伤心，哭了起来。宝宝，我们是小熊的好朋友，我们帮他盖一座新房子，好吗？

填空缺，教宝宝学排序

了解顺序，有助于宝宝今后的阅读，这是训练宝宝逻辑思维的重要途径。育婴师推荐爸妈和宝宝一起玩填空缺的游戏，它能帮助宝宝对排序有了概念，并在游戏中慢慢学会寻找规律。

游戏方法：妈妈让宝宝看看右面的图，请宝宝想一想空着的格子里应该是哪种形状呢？

▲	●	■	▬	★
♥		●	■	◆
★	♥	▲	●	■

 育婴师经验谈

刚开始玩填空缺游戏时，宝宝可能比较长一段时间都不会，爸妈应耐心引导。